3D建模
与
3D打印
技术应用

黄文恺　朱静／编著

SPM
南方出版传媒

全国优秀出版社
全国百佳图书出版单位

广东教育出版社

·广州·

图书在版编目（CIP）数据

3D建模与3D打印技术应用 / 黄文恺，朱静编著. —
广州：广东教育出版社，2016.5
ISBN 978-7-5548-1098-9

Ⅰ．①3… Ⅱ．①黄… ②朱… Ⅲ．①立体印刷—
印刷术—基本知识 Ⅳ．①TS853

中国版本图书馆CIP数据核字（2016）第088297号

责任编辑：陈定天　蚁思妍　田　晓　高　斯
责任技编：姚健燕
装帧设计：友间文化

3D建模与3D打印技术应用
3D JIANMO YU 3D DAYIN JISHU YINGYONG

广东教育出版社出版发行
（广州市环市东路472号12—15楼）
邮政编码：510075
网址：http://www.gjs.cn
广东新华发行集团股份有限公司经销
广东信源彩色印务有限公司印刷
（广州市番禺区南村镇南村村东兴工业园）
787毫米×1092毫米　16开本　15印张　230 000字
2016年5月第1版　2016年5月第1次印刷
ISBN 978-7-5548-1098-9
定价：60.00元
质量监督电话：020-87613102　邮箱：gis-quality@gdpg.com.cn
购书咨询电话：020-87615809

前　言

Preface

3D打印的前身是快速成型技术，自20世纪80年代就已经诞生，在90年代中期开始出现在市场上，但由于价格昂贵，技术不成熟，特别是配套所需的3D数字建模技术并没有广泛地被应用，因此这项技术在早期并没有得到推广和普及。

20年间，随着信息技术日新月异的发展，计算机硬件遵循摩尔定律提速，图形处理器（简称GPU）的出现让计算机的3D计算能力得到了极大的提高。目前，一般的桌面级计算机已经具备了3D建模能力。各种3D建模软件如SolidWorks和Unigraphics等，其技术越来越成熟，使用难度也在不断地降低，有些建模软件已经进入了大学的课程，成为机械专业的标配软件。上述技术的发展，都为3D打印技术的普及奠定了基础。但是，多年来，3D打印仍停留在比较专业的领域，主要集中在机械制造、工业设计等领域，关注的人群较少，离大众化和普及化还有一段距离。

近年来，由于受到了媒体的广泛关注，3D打印正式进入了公众的视线。人们从电视和报纸等媒体上，可以看到处于科技前沿的3D打印技术，如生物打印、建筑打印、战斗机零件打印等。这些技术离人们的日常生活还比较遥远，普通民众难以接触。工业级的3D打印技术可以为企业快速地将设计的原型产品变成样品用于测试；专业级的3D打印机可以为科研机构和工程师提供助力；桌面级的3D打印机虽然价格低廉，但精度也较低。由于技术门槛较低，国内大量厂家主要都是以生产桌面级的3D打印机为主。诚然，3D打印技术代表制造业的发展新趋势，它将推动实现第三次工业革命，但是目前桌面级的3D打印技术将何去何从，该如何融入人们的日常生活，引起了业界的思考。个人计算机（PC：Personal Computer，以下简称PC）的出现是因为迎合了人们的需求，很快就变成一种家电或办公用品，而3D打印技术如何能成为人们的有效需求？所幸，这一疑问很快得到了答案，随着"创客"的兴起，3D打印技术越来越多地"参与"到人们把自己的创意变成现实的这一过程中。

随着"大众创业，万众创新"的提出，"创客教育"也越来越多地走进了学生的课堂。而3D打印技术作为"创客"的重要工具，使创意变成现实增添了许多种可能。"创客"们用3D打印制作的机器人、智能车、无人机等优秀作品不断地涌现，甚至还有一些创意科技产品进入了众筹（即大众筹资）平台。

由于桌面级3D打印机是近几年才发展起来的，属于新生事物，且3D建模技术除了专业人员使用外，还没有被人们广泛地接受，因此当前制约3D打印技术普及的因素主要是3D建模技术和3D打印机的使用。

为了更好地普及3D打印技术，倡导"创客文化"，培养更多的"创客"，我们编写了本书。全书分为上下两编，上编是3D建模篇，主要介绍SolidWorks建模软件的使用；下编是3D打印篇，主要介绍各种技术的3D打印机的使用，并详细介绍市场上最流行的熔融沉积制造（FDM）技术和光固化成型（SLA）技术3D打印机的使用方法和使用技巧。

本书得以顺利出版，首先要感谢我的学生李伯泉、叶家杰、陈志雄、符俊岭、钟海泰、郑植俊、邝鉴东和梁焯均，他们参与了本书资料的整理、实验验证和排版工作，感谢他们牺牲了节假日用心地整理书稿；其次要感谢广州市教育局，将本书作为广州市中小学科技教师3D打印"千人培训"活动的指定用书。

由于笔者水平有限，时间仓促，书中难免存在缺点和错误，恳请专家和广大读者不吝赐教，批评指正！

黄文恺

2016年4月

目 录

C o n t e n t s

下编　3D打印篇　137

上编

3D建模篇

第1章
3D建模概述

1.1　3D建模软件发展情况

1.1.1　何为3D建模

我们生活在一个三维的现实世界中，三维世界是立体的、真实的。同时，我们又处于一个信息化的时代里，信息化时代是以计算机和数字化为表征的。随着计算机在各行各业的广泛应用，人们开始不满足于计算机仅能显示二维的图像，更希望计算机能表达出具有强烈真实感的现实三维世界。而3D建模正是基于此，并借助计算机实现这一需求。所谓3D建模，就是利用三维软件，将现实中的三维物体或场景在计算机中进行重建，最终实现在计算机上模拟出真实的三维物体或场景。这一过程中生成的三维数据就是使用各种三维数据采集仪或软件生成获得的数据，它记录了有限体表面在离散点上的各种物理参量。

三维模型包括的最基本的信息是物体各离散点的三维坐标，其他的可以包括物体表面的颜色、透明度、纹理特征等。3D建模在机械设计、建筑设计、医用图像、文物保护、三维动画游戏、电影特技制作等领域起着重要的作用。一个三维模型的建立过程包括三维初始数据的获取，对初始数据进行诸如去除噪声点、简化等处理，按照不同的方式组织三维数据，最终实现在计算机中绘制出具有三维特征的模型。本章将概述3D建模软件的发展状况，

并着重介绍目前应用最为广泛的几款3D建模软件，同时列出一般3D软件的建模流程。

1.1.2 3D建模软件发展概述

CAD（计算机辅助设计）是指利用计算机强大的图形处理能力和数值计算能力，辅助工程技术人员完成工程或产品的设计和分析的一种技术。自1950年诞生以来，CAD已广泛应用于机械、电子、建筑、化工、航空航天以及能源交通等相关领域。随着计算机技术的快速发展，工业设计的计算机化达到了相当高的水平。通过计算机进行数据分析、建立模型、导入生产系统等，计算机技术在人类生活和生产的重要环节中，产生越来越广泛的影响，并由此引发的新思想正逐渐渗透于工业设计学科领域中。在产品设计的计算机表达中，主要倾向于对产品的形态、色彩、材料等设计要素的模拟，是当今社会起主导作用的设计方式。

传统的设计方法是通过二维形式表达后，再制作成实体模型，然后根据模型的效果进行改进，再制作成工程图用于生产，这样从二维形式表达到制作模型的过程当中，人为的误差是相当大的，在绘制工程图纸时设计师对优化方面的考虑需要通过详尽的计算和分析才能做出正确的判别，有时候往往因难而退。而计算机辅助设计的介入，使我们真正地实现了三维立体化设计，产品的任何细节在计算机中都能详尽地展现给设计师，并能在任意角度和位置进行调整，在形态、色彩、肌理、比例、尺度等方面都可以作适时的变动。在生产前的设计绘图中，计算机可以针对所建立的三维模型进行优化结构设计，大大地节省了设计的时间和精力，而且更具有准确性。

3D打印是全新的领域，同样3D设计的领域也非常广泛，主要有建模、渲染、动画等多个方面。随着产品设计效率的飞速提高，现已将计算机辅助制造技术和产品数据管理技术、计算机集成制造系统及计算机辅助测试融于一体。CAD三维建模技术至今已经历了线框模型、表面模型、实体模型，以及快速发展中的特征建模、行为建模方法等几个阶段。

线框模型是指用多边形线框来描述三维形体的轮廓得到的模型。表面模型是指用有序连接的棱边围成的有限区域来定义立体的表面，再由表面的集合来定义立体所得到的三维模型。表面模型是在线框造型的基础上发展起来的，它的产生应归因于航空业与汽车业的迅猛发展。随着技术的进步，计算机辅助工程分析（CAE）的需求日益高涨，CAE要求能获得形体的完整信息，而线框和表面模型对形体的表述都不完整。在此背景下，实体模型技术产生在20世纪60年代末，商用化始于1979年，SDRC推出了世界上第一个完全基于实体模型技术的CAD/CAE/CAM一体化的软件I-DEAS。

实体模型技术与线框模型相比，增加了实体存在侧的明确定义，给出了表面间的相互关系等拓扑信息，因而能够精确表达零件的全部属性，有助于统一CAD、CAM、CAE的模型表达，在设计和加工上可以减少数据的损失，保持数据的完整性。实体模型常用的表示形式有：构造的实体几何（CSG）表示、边界（B-Rep）表示和扫描表示。

实体模型技术的优点：（1）确定了表面的方向性；（2）可定义材料的物理性能等简单参数；（3）是几何和拓扑意义上信息最为完备的模型；（4）一般实体模型均定义为有效的正则实体。实体模型技术存在的不足：（1）产品定义不完整，模型仅仅能定义产品的几何形状和拓扑关系，许多其他重要信息如公差与精度、材料性质、工艺与装配要求等不包括在模型中；（2）数据的抽象层次低，实体主要是几何概念，设计制造中的工程语义，如键槽、中心孔、装配关系等均不能表达；（3）支持产品设计、制造的程度较差，如设计模型修改的效率低，设计信息的跟随性差等。

20世纪80年代后期，CIMS（计算机集成制造系统）技术得到了长足发展，这就要求传统的造型系统除了满足自身信息的完备性之外，还必须为其他系统，如CAPP、PDM、ERP、CAM等提供反映设计人员意图的非几何信息，如公差、材料等。前面的三种造型方法都是从几何的角度出发，而对于非几何信息，如尺寸、材料、公差、工艺、成本等则没有反映，因而实体的信息是不完整的。在这种需求的推动下，出现了特征建模技术。

特征（feature）：客观事物特点的表征，是具有特定语义的信息单元。特征技术：适合于为集成化、智能化、网络化的现代设计方法和先进制造技术提供共享信息的模型理论和技术。特征建模：基于特征理论和技术的CAD模型建造技术。特征模型：以特征为信息单元定义的CAD模型。特征反映了产品零件特点的、可按一定原则加以分类的产品描述信息，将特征引入几何造

型系统的目的是增加几何实体的工程意义，为各种工程应用提供更丰富的信息，基于特征的造型把特征作为零件定义的基本单元，将零件描述为特征的集合。

行为建模技术是比基于特征的参数化建模更为先进的一种实体建模技术。它在设计产品时，综合考虑所要求的功能行为、设计背景和几何图形。采用知识捕捉和迭代求解的智能化方法，使工程师可以面对不断变化的要求，追求高度创新的、能满足行为和完善性要求的设计。该技术具有高度集成、高度智能的特点，其强大功能主要体现在三个方面：（1）智能模型。能捕捉设计信息和过程信息以及定义一件产品所需要的各种工程规范。（2）目标驱动式设计。能优化每件产品的设计，以满足使用自适应过程特征从智能模型中捕捉的多个目标和需求变化，并可解决相互冲突的目标问题。（3）开放式可扩展环境。行为建模技术的第三大支柱，提供了无缝工程设计功能，能保证产品不会丢失设计意图。行为建模技术所创建的智能化产品模型具有关联、基于特征、参数化的特点，通用的再生机制又使得关联性贯穿于整个设计流程。

接下来我们将主要介绍现在被广泛推荐的几款3D建模软件，结合各软件的应用领域与技术优势，供各位读者选择参考。

1.2　3D模型的主流建模软件

近年来，各种三维建模软件在国内得到广泛应用，国内在三维软件方面的研发也日益成熟。随着3D技术的蓬勃发展，面向各种需求的、五花八门的3D建模软件纷纷进入我们的生活。接下来的这一章节将着重介绍目前应用最为广泛的几款3D建模软件，并详细分析其特点，以供读者参考选用。

1.2.1　3D建模软件之SolidWorks

SolidWorks为达索系统（Dassault Systemes S.A）下的子公司，专门负责研发与销售机械设计软件的视窗产品。三维设计软件现在有很多，而SolidWorks软件是世界上第一个基于Windows开发的三维CAD系统，由于技术创新符合CAD技术的发展潮流和趋势，因此目前用得最多的就是SolidWorks软件。

SolidWorks有功能强大、易学易用和技术创新三大特点，这使得SolidWorks

成为领先的、主流的三维CAD解决方案。SolidWorks能够提供不同的设计方案、减少设计过程中的错误以及提高产品质量。SolidWorks软件具有丰富的功能组件，操作简单方便、易学易用，在设计人群中使用率非常高。如图1-1为SolidWorks 2014的启动界面。

图1-1　SolidWorks 2014启动界面

　　SolidWorks软件的优势在于SolidWorks是基于Windows平台的全参数化特征造型软件，它可以十分方便地实现复杂的三维零件实体造型、复杂装配和生成工程图。包括了零件模块、曲面模块、钣金模块和模型渲染等主要模块，图形界面友好，用户上手快。在进行一些较为简单的模型建模时相比其他设计软件步骤要更为简单，设计同样的模型效果，使用SolidWorks软件建模时间更快，步骤更少，这也是为什么众多的设计者都在使用SolidWorks软件进行建模的原因。

　　此款设计软件在低端设计领域的优势不言而喻，但也存在一些较大的缺点，例如在一些高级曲面设计领域，此款软件就显得有心无力了。另外SolidWorks软件最大的一个缺点就是它对硬件的要求非常高，当设计的模型文件较大时会导致软件的崩溃或者系统的崩溃，严重时甚至导致电脑死机。因此SolidWorks软件主要应用于中低端产业设计领域。

主要应用领域：

- 机械设计领域
- 中低端工业设计领域
- 家电产品设计领域
- 高校课堂教学

1.2.2 3D建模软件之AutoCAD

AutoCAD（Auto Computer Aided Design）是Autodesk（欧特克）公司首次于1982年开发的自动计算机辅助设计软件，用于二维绘图、详细绘制、设计文档和基本三维设计。现已经成为国际上广为流行的绘图工具。AutoCAD具有友好的用户界面，通过交互菜单或命令行方式便可以进行各种操作。它的多文档设计环境，让非计算机专业人员也能很快地学会使用。

AutoCAD软件主要特点在于其具有完善的图形绘制功能和有强大的图形编辑功能。另外还可以采用多种方式进行二次开发或用户定制，可以进行多种图形格式的转换，具有较强的数据交换能力；并且支持多种硬件设备、支持多种操作系统，具有通用性、易用性，适用于各类用户。此外，从AutoCAD2000开始，该系统又增添了许多强大的功能，如AutoCAD设计中心（ADC）、多文档设计环境（MDE）、Internet驱动、新的对象捕捉功能、增强的标注功能以及局部打开和局部加载的功能。如图1-2为AutoCAD2014的启动界面。

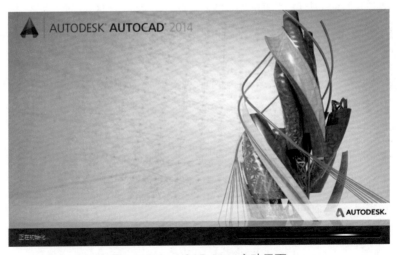

图1-2 AutoCAD 2014启动界面

AutoCAD主要的优势在于其具有强大的图形编辑功能及完善的图形绘制功能。它在二维成型领域也是位佼佼者，可在二维和三维的世界里随意转换，在CAD出图方面具有非常大的市场。

因AutoCAD主要专注于图形的编辑和绘制，其在三维设计方面处于相对劣势，主要缺点也是在于其三维设计能力较低，由于此款软件属于参数化设计软件，在学习过程中还需要学习使用大量的快捷键功能以达到快速建模的目的。

主要应用领域：

- 建筑工程、装饰设计、水电工程等的工程制图
- 精密零件、模具等的工业制图
- 建筑平面设计、园林设计等

1.2.3　3D建模软件之Pro/Engineer

Pro/Engineer（以下简称为Pro/E）操作软件是美国参数技术公司（PTC）旗下的CAD/CAM/CAE一体化的三维软件。Pro/E软件以参数化著称，是参数化技术的最早应用者，在目前的三维造型软件领域中占有重要地位。Pro/E作为当今世界机械CAD/CAM/CAE领域的新标准而得到业界的认可和推广，是现今主流的CAD/CAM/CAE软件之一，特别是在国内产品设计领域占据重要位置。

Pro/E第一个提出了参数化设计的概念，并且采用了单一数据库来解决特征的相关性问题。另外，它采用模块化方式，用户可以根据自身的需要进行选择，而不必安装所有模块。Pro/E的基于特征方式，能够将设计至生产的全过程集成到一起，实现并行工程设计。它不但可以应用于工作站，而且也可以应用到单机上。Pro/E采用了模块方式，可以分别进行草图绘制、零件制作、装配设计、钣金设计、加工处理等，保证用户可以按照自己的需要进行选择使用。如图1-3为Pro/E 5.0的启动界面。

图1-3　Pro/E 5.0启动界面

　　Pro/E的主要优势在于其可以随时由三维模型生成二维的工程图，自动标注尺寸。由于其具有关联的特性，并采用单一的数据库，因此修改任何尺寸，工程图、装配图都会相应地变动。这一优点在进行大型模型的修改时体现得淋漓尽致，减少了很多不必要的操作。另外，Pro/E软件具有的强大参数化设计功能使其在模具设计领域占有非常重要的地位，在曲面设计方面也处于领先地位，因此对于资深的设计者来说，Pro/E是一个不错的选择。

　　但Pro/E软件包含大量的参数化模块，其中设计技巧繁多，对于初学者来说是一个非常大的挑战，并不适合于没有基础的设计者使用。另外，复杂零件制作和复杂装配设计在前期速度较慢，后期修改参数很容易导致更新失败，对于线条的编辑能力也较弱，难以胜任大型的二维图形编辑。

1.2.4　3D建模软件之UG

　　UG（Unigraphics NX）是Siemens PLM Software公司出品的一个产品工程解决方案，它为用户的产品设计及加工过程提供了数字化造型和验证手段。Unigraphics NX针对用户的虚拟产品设计和工艺设计的需求，提供了经过实践验证的解决方案。

　　这是一个交互式CAD/CAM（计算机辅助设计与计算机辅助制造）系统，它功能强大，可以轻松实现各种复杂实体及造型的建构。UG可以为机械设计、模具设计以及电器设计提供一套完整的设计、分析、制造方案。UG提供了包括特征造型、曲面造型、实体造型在内的多种造型方法，同时提供了自顶向下和自下向上的装配设计方法，也为产品设计效果图输出提供了强大的渲染、材质、纹理、动画、背景、可视化参数设置等支持。因强大的功能，它在诞生之初主要基于工作站，但随着PC硬件的发展和个人用户的迅速增长，UG在PC上的应用取得了迅猛的增长，已经成为模具行业三维设计的一个主流应用。如图1-4为UG NX8.5的启动界面。

图1-4　UG NX8.5启动界面

　　UG的最大优势在于它的建模灵活，其混合建模功能强大。混合建模设计模式可简单描述为在一个模型中允许存在无相关性的特征，如在建模过程中，可以通过移动、旋转坐标系创建特征构造的基点，这些特征和先前创建的特征没有位置的相关性。UG不仅提供了更为丰富的曲面构造工具，更可以通过一些另外的参数来控制曲面的精度、形状。另外，UG的曲面分析工具也极其丰富。因此UG的综合能力是非常强的，从产品设计、模具设计到加工、分析再到渲染，几乎无所不包。

　　UG建模软件在工业设计方面堪称完美，在很多方面都处于顶级地位。对于这款顶级设计软件来说，唯一的不足就是设计者要完全学会并使用这款软件存在一定难度，因为这款软件包含的功能模块太多，功能技巧非常复杂，因此学习UG是一项非常大的挑战。

主要应用领域：

· 汽车行业

· 模具制造行业

· 航天航空领域等

1.2.5　3D建模软件之3ds Max

3D Studio Max，常简称为3ds Max或MAX，是Discreet公司（后被Autodesk公司合并）开发的基于PC系统的三维动画渲染和制作软件。3ds Max是大众化的且被广泛应用的设计软件，它是当前世界上销售量最大的三维建模、动画及渲染解决方案，广泛应用于视觉效果、角色动画及游戏开发领域。在众多的CG（计算机图形学）设计软件中，3ds Max是人们的首选，因为它对硬件的要求不太高，能稳定运行在Windows操作系统上，容易掌握，且国内外的参考书最多。

3ds Max在产品设计中，不但可以做出真实的效果，而且可以模拟出产品使用时的工作状态的动画，既直观又方便。3ds Max有三种建模方式：Mesh（网格）建模，Patch（面片）建模和Nurbs（非均匀有理B样条曲线）建模。最常使用的是Mesh建模，它可以生成各种形态，但对物体的倒角效果却不理想。3ds Max的渲染功能也很强大，而且还可以连接外挂渲染器，能够渲染出很真实的效果和现实生活中看不到的效果。而它的动画功能，在众多设计软件中的表现也是相当不错的。如图1-5为3ds Max 2012的启动界面。

图1-5　3ds Max 2012启动界面

3ds MAX设计软件最大的优势在于其基于PC系统的低配置要求、强大的角色动画制作能力及可堆叠的建模步骤，使模型制作易于改动。此款软件本身性价比高，它所提供的强大功能远远超过其自身低廉的价格，使制作产品的成本大大降低。另外3ds MAX的制作流程十分简洁高效，只要设计思路清晰，是非常容易学上手的，后续的高版本的操作性也十分简便，操作的优化更有利于初学者学习。

此款设计软件其中存在的一个不足就是它的插件大多是由第三方做的，在运行过程中可能会出现兼容性问题。另外，3ds Max设计软件在工业设计方面也显得有点力不从心，因此在这方面较为少用。

主要应用领域：

- 广告、影视行业
- 三维动画、多媒体、游戏制作行业
- 建筑设计、室内设计等

1.3 3D模型软件建模流程

SolidWorks、AutoCAD、Pro/E、UG和3ds Max虽然来自全球各地不同的公司，其主要的功能和领域也有所不同，但其设计思想是相同的，都是从二维的世界转到三维世界里面，它们设计的流程大概也类似，基于这一点我们总结了一套关于这几款3D设计软件的制作流程，供各位读者参考。

1. 打开相应的设计软件后新建一个模型。

2. 进入建模操作模组。

3. 选择建立模型的工作面，自动选择三个坐标面。定义坐标轴，自动选择三轴坐标。

4. 进入草图工作模块，进行草图设计，然后对草图进行标注、约束和修改。

5. 返回建模操作模组，对草图进行实体拉伸、倒角编辑等特征的建立。

6. 进行层设置，一般分为两层，实体在一层，其他的在另外一层（Auto CAD等软件在绘制二维图时常用）。

13

7. 进入图纸模块、出图，选择自己需要的视图。

8. 设置图纸的图层，标注在一个图层，其他的在另外一个层（SolidWorks 软件主要用在出工程图）。

9. 选择需要保存的格式进行保存输出。

第2章
3D绘图基础

本章以SolidWorks软件为例，通过学习3D绘图，了解3D建模的过程，掌握二维草图和三维模型的基本知识，并构建3D绘图知识体系。通过本章的讲解，读者能够理解二维和三维工程图，掌握工程图的基本绘制方法。

2.1 初识SolidWorks

2.1.1 SolidWorks简介

SolidWorks为达索系统（Dassault Systemes S.A）下的子公司，专门负责研发与销售机械设计软件的视窗产品。达索公司是负责系统性的软件供应，并为制造厂商提供具有Internet整合能力的技术服务。该集团提供涵盖整个产品生命周期的系统，包括设计、工程、制造和产品数据管理等各个领域中的最佳软件系统，著名的CATIAV5就出自该公司之手，目前达索的CAD产品市场占有率居世界前列。

2.1.2 软件界面简介

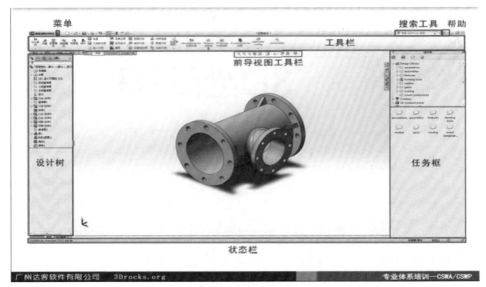

图2-1　软件界面

1. 前导视工具栏

🔍 整屏显示全图（双击鼠标中键亦可）

🔍 局部放大

📖 剖视图

📦 视图定向（上视、下视、左视、右视、前视、后视、等轴测、正视于）

📦 显示样式

🐙 隐藏显示项目

图2-2　前导视工具栏

2. 工具栏（建模的所有步骤都在工具栏中实现）

图2-3　工具栏

3. 搜索工具

图2-4 搜索工具

4. 关联工具栏

图2-5 关联工具栏

5. 视图方向（可由此选择需要的视图方向）

图2-6 视图方向

6. 视图变换（可通过按住鼠标滑轮进行任意视角变换）

图2-7 视图变换

7. 常用默认快捷键

S【快捷工具】；R【最近浏览文件】；G【放大镜】；F【整屏显示】；

Ctrl + 1～8【视图】；Ctrl + Tab【切换窗口】；空格键【视图方向】；

Ctrl + C【复制】；Ctrl + V【粘贴】；Ctrl + X【剪切】；

Ctrl + Z【撤销】；Delete【删除】；Enter【返回前一命令】。

8. 鼠标的作用

·左键：单击左键可选择绘制草图命令，生成特征的命令，执行确定命令等。

·中键：滚动鼠标中键可对草图和三维模型进行放大或缩小，按住鼠标中键并移动鼠标可以对模型进行旋转操作。

·右键：单击右键会出现快捷命令框。

·鼠标笔势，建模时按住鼠标右键拖动鼠标，可以快速选择工具，可自定义鼠标笔势中各个工具的位置，可以选择4笔势或8笔势。

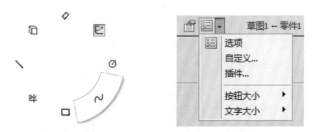

图2-8　鼠标笔势

2.2　绘制草图与创建实体

2.2.1　如何建立模型

3D模型的建立一般是由创建草图和创建特征两部分组成的，因此建立模型的过程为先在某一基准面上绘制二维草图，再进行三维特征的创建，如图2-9

为建立模型的过程。

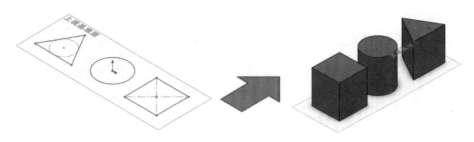

图2-9 模型创建过程示意图

2.2.2 绘制草图

如图2-10所示，3D建模软件为绘制零件提供了三个默认的基准平面："前视基准面""上视基准面""右视基准面"。同样，我们也可以自行设置空间任何一个平面为草图基准面，视绘图需要而定。

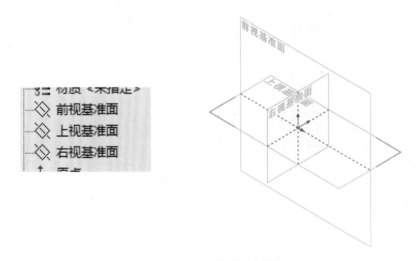

图2-10 基准面介绍

（1）编辑草图

步骤1：选择一个平面（基准面或实体的平面）；

步骤2：在草图工具栏中，鼠标右键单击"草图绘制"；

步骤3：编辑草图；

步骤4：单击图形区域右上角的退出草图命令。

（2）草图工具栏

绘制草图所需要的命令都在工具栏里面选择，如图2-11所示。

图2-11　草图工具栏

（3）草图工具

绘制草图需要用到如下的草图工具命令，逐步绘制。

直线	圆	样条线
矩形	圆弧	椭圆
槽口	多边形	点

图2-12　草图工具

2.2.3　剪裁工具

绘制过程中，可以通过剪裁工具修改草图，单击"剪裁实体"即出现如图2-13命令框。

图2-13　剪裁工具

2.2.4　定义草图

只是画好线条并不意味完成了草图绘制，还需要给它添加尺寸标注与几何关系。

方法1：添加尺寸，用鼠标左键选择"智能图标"，再单击两次鼠标左键就可以进行尺寸标注。

方法2：添加几何关系，用鼠标左键选择左下图标，就会出现如图2-14的命令框，可以选择想要约束的几何关系。

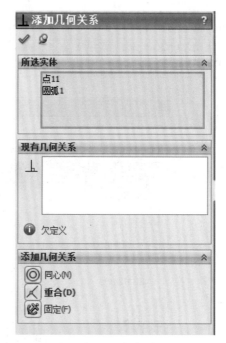

图2-14　添加几何关系命令

2.2.5　草图状态

添加了智能尺寸和几何关系的草图，一般有欠定义、完全定义和过定义三种状态。

·欠定义：几何图形缺少尺寸或几何关系，此时移动草图可以改变几何体形或位置，图形线条显示为蓝色。

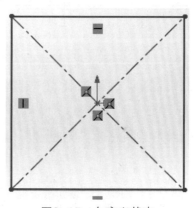

图2-15　欠定义状态

·完全定义：几何图形已经拥有足够的尺寸以及几何关系，此时移动草图不可改变几何体形状和位置，图形线条显示为蓝色。

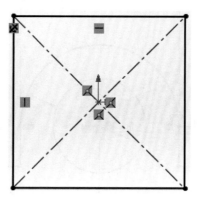

图2-16 完全定义状态

·过定义：几何图形的尺寸或者几何关系有冲突，此时几何图形会呈现为黄色或红色。

图2-17 过定义状态

2.2.6 草图实例与练习

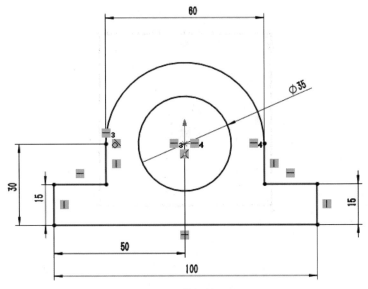

图2-18 草图练习-1

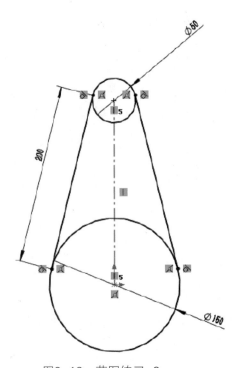

图2-19 草图练习-2

2.3　创建基准面

很多情况下，我们都需要在各个不同的面进行草图的绘制，以达到我们的绘图目的，此时就需要创建不同的基准面进行绘图。具体步骤可简化为："工具栏"—"参考几何体"—"基准面"，如图2-20所示操作。弹出的如图2-21对话框可以选择基准面的几何关系，对基准面进行约束。

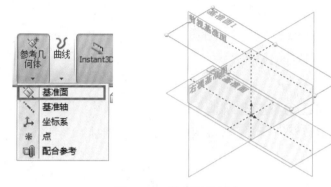

图2-20　基准面的创建

图2-21　基准面对话框

2.4 创建特征

在二维草图完成后，就在选定的方向上进行拉伸（切除）或旋转等操作，即为三维特征的创建。

2.4.1 步骤

步骤1：选中已编辑好的草图；

步骤2：在特征工具栏中，鼠标右键单击"拉伸凸台/基体"；

步骤3：设置特征的属性；

步骤4：单击" ✔ "完成拉伸特征的创建。

2.4.2 拉伸凸台与拉伸切除

拉伸可简单解释为：以一个或两个方向拉伸（切除）草图或绘制的草图轮廓来生成实体。

如图2-22红色框内为该特征命令，左键单击该命令，出现如图2-23所示对话框，进行编辑。

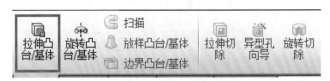

图2-22　拉伸命令

在此以拉伸凸台为例，选择"拉伸凸台"命令后，需要在弹出的"拉伸凸台"命令框内，设置好拉伸的方向与深度等参数，确认后即可实现拉伸。在设置参数的过程中，零件图亦会根据参数变化，显现出黄色的预览效果，如图2-23所示。

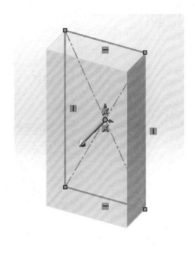

图2-23　"拉伸凸台"命令框与示意图

生成拉伸特征

（1）生成草图

（2）左键单击"拉伸工具"之一

拉伸凸台/基体	（特征工具栏），或单击插入 > 凸台/基体 > 拉伸
拉伸切除	（特征工具栏），或单击插入 > 切除 > 拉伸
拉伸曲面	（曲面工具栏），或单击插入 > 曲面 > 拉伸

（3）设定PropertyManager选项

若想从草图基准面以双向拉伸，在方向1和方向2中设定PropertyManager选项。若想拉伸为薄壁特征，在薄壁特征中设定PropertyManager选项。当你拖动操纵杆设定大小时，有一instant3D标尺出现，这样就可以设定精准值。

2.4.3　旋转特征

旋转特征可简单解释为：绕轴心旋转一草图或所选草图轮廓来生成一个实体特征。如图2-24红色框内为该特征命令，左键单击该命令，出现如图2-25对话框，可进行特征编辑。对于具有圆周属性的模型，旋转特征能够快速地实现建模。

图2-24　旋转命令

旋转截面　　　旋转中心

图2-25　旋转命令草图与特征示意图

注意： 旋转中心必须位于旋转轮廓的草图平面上，若草图实体有交叉部分，则不可生成实体；系统默认选择构造线作为旋转中心；如果有多条构造线，则需自己定义旋转中心；如果构造线（旋转中心）与截面不重合，则回转体中心会出现贯穿孔，如图2-26（a）、（b）所示。

图2-26（a）

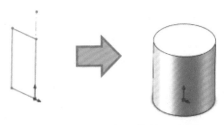

图2-26（b）　旋转示意图

2.4.4　扫描特征

扫描特征可简单解释为：沿开环和闭合路径通过扫描闭合轮廓来生成实体特征，如图2-27所示框内为扫描命令。

图2-27　扫描特征命令

注意：扫描引导线必须与轮廓有穿透关系。

1. 如图2-27红色框内为扫描特征命令，左键单击该命令，弹出如图2-28所示对话框，可对扫描特征进行编辑。

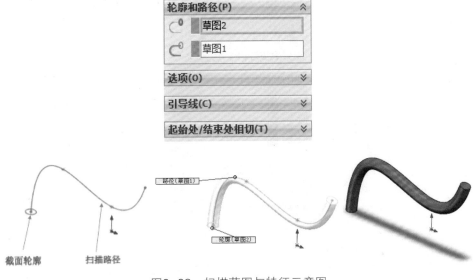

图2-28　扫描草图与特征示意图

2. 扫描特征的一般步骤

（1）编辑扫描路径的草图（与引导线的草图）；

（2）在路径端点处创建与路径垂直的基准面；

（3）在新建的基准面上，编辑扫描轮廓草图；

（4）使用扫描特征，选择扫描轮廓与扫描路径，生成实体。

2.4.5　放样与放样切割

放样可简单解释为：在两个或多个轮廓之间添加材质来生成实体（或移除实体）。如图2-29红色框内为放样特征命令，左键单击该命令，弹出如图2-30所示对话框，可对放样特征进行编辑。

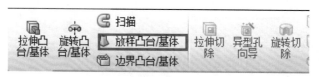

图2-29　放样特征命令

图2-30　放样命令

注意： 在进行放样特征命令操作时必须要有两个草图轮廓。

第3章
SolidWorks建模方法
讲解与实战训练

本章将在上一章的基础上，结合实例，讲述采用SolidWorks软件构建3D零件库的方法、步骤及注意事项。在此，我们按照难易程度逐渐进阶，选取了由易到难的三个模型，分别是飞镖、法兰模型和机座模型。

3.1　飞镖建模方法及其步骤

任务：使用SolidWorks2014（或2013等其他版本）3D建模软件，完成飞镖的建模（实物图形如图3-1所示，工程图如图3-2所示）。

图3-1　飞镖模型

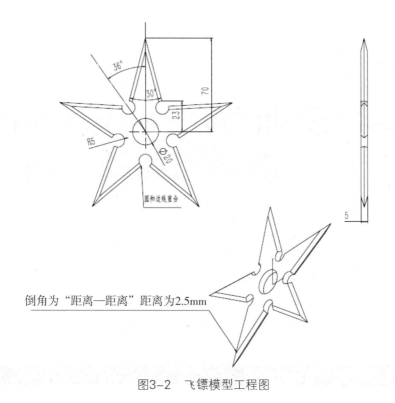

倒角为"距离—距离"距离为2.5mm

图3-2　飞镖模型工程图

看工程图时，可以根据模型特点，选择主视、左视、仰视、斜二测体视图等角度来观察模型。

主视图：由主视方向投影所得，主要表现模型的尺寸，如长度、高度以及模型各部分之间的尺寸约束关系等。

左视图：由左视方向投影所得，主要表现模型的宽度等尺寸。

仰视图：由下向上投影所得的视图，主要表现模型底座上的特征以及尺寸约束关系。

斜二测体视图：常规观测视图的一种，易于表现模型的三维特征。

3.1.1　飞镖基体绘制

步骤一：鼠标左键选择SolidWorks2013桌面快捷方式，双击快捷方式，打开软件，如图3-3所示；选择图示中的"新建"命令按钮，新建一个零件，进入如图3-4所示的软件界面。

图3-3　启动软件

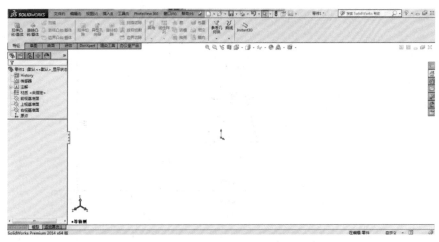

图3-4 SolidWorks2013软件建模的主界面

步骤二：按鼠标左键选择"前视基准面"，选择最右边的"正视于"命令，选择"前视基准面"，按鼠标右键选择最左边的"草图绘制"命令，进入草图绘制的界面，如图3-5所示。

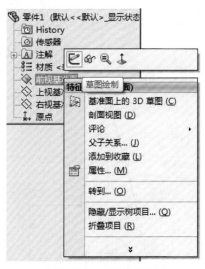

图3-5 飞镖草图绘制

步骤三：选择草图工具栏中的"绘制中心线"命令，过原点绘制水平与竖直中心线；再次选择"绘制直线"命令，如图3-6，过竖直中心线绘制两条任意角度的直线，并在两直线下端点添加水平几何关系；选择草图工具栏中的

"智能尺寸"命令，根据图3-6为两条直线标注尺寸。

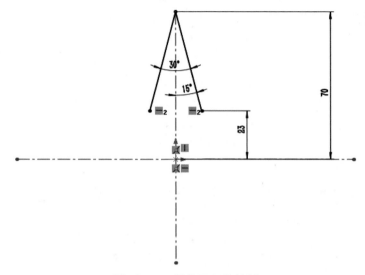

图3-6　飞镖草图顶角绘制

　　步骤四：选择草图工具栏中的"绘制圆"命令，以原点为圆心绘制一个任意圆，并添加尺寸，其直径为20mm，如图3-7所示；选择草图工具栏中的"绘制中心线"命令，过原点在第二象限绘制一条任意中心线，并添加尺寸，与竖直中心线角度为36°，如图3-7所示。

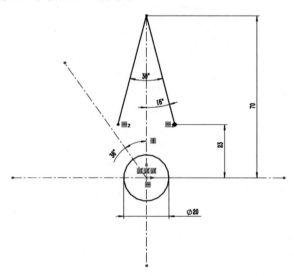

图3-7　飞镖草图中心圆绘制

步骤五：选择草图工具栏中的"绘制圆"命令，过步骤四在第二象限绘制的中心线绘制一个任意圆，并添加尺寸，直径为10mm，按着键盘上的"Ctrl键"选择此圆以及顶角左下端点添加重合几何关系，如图3-8所示；选择草图工具栏中的"线性草图阵列"下拉菜单的"圆周阵列"命令，在圆周阵列菜单栏中的旋转中心选择步骤四绘制的中心圆，阵列个数输入5个，要阵列的实体选择步骤三绘制的顶角以及本步骤绘制的连接圆，单击圆周阵列菜单栏左上角的确认按钮，完成草图圆周阵列，如图3-9所示。

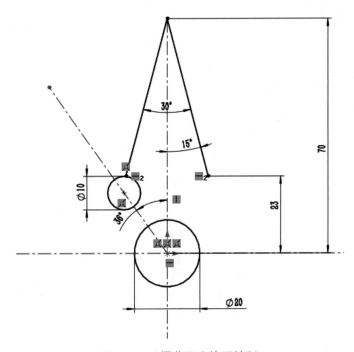

图3-8　飞镖草图连接圆绘制

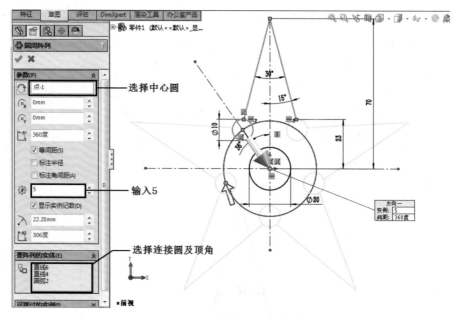

图3-9 飞镖草图圆周阵列

步骤六：选择草图工具栏中的"剪裁"命令，在剪裁命令菜单栏中选择剪裁到最近端，根据图3-10把多余的线条剪裁掉，剪裁后应剩下如图3-10所示的草图。

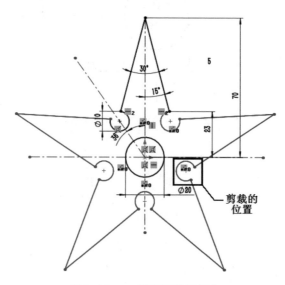

图3-10 飞镖草图剪裁操作

步骤七：选择特征工具栏中的"拉伸凸台"命令，在弹出的拉伸凸台命令菜单栏的方向1中选择"给定深度"选项，在拉伸深度输入属性框中输入拉伸的深度为5mm，如图3-11所示，单击拉伸菜单栏左上角的确认按钮，完成拉伸命令操作，得出如图3-12所示的飞镖基体效果图。

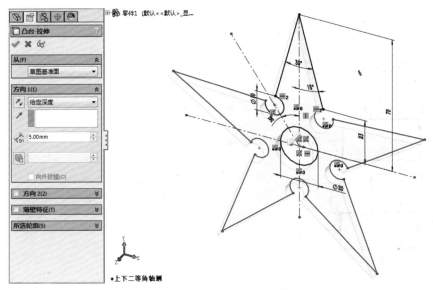

图3-11　飞镖草图拉伸

图3-12　飞镖基体效果图

3.1.2　绘制倒角

选择特征工具栏中的"绘制圆角"命令下拉菜单中的"绘制倒角"命令，在倒角命令菜单栏中的倒角参数框中选择需要添加倒角的边线（选择飞镖5个角上的所有边线），选择"距离–距离"的倒角方式，在距离输入框中输入距离2.5mm，如图3–13所示；单击倒角菜单栏左上角的确认按钮，完成倒角的添加，得出如图3–14所示的飞镖模型的最终效果图。

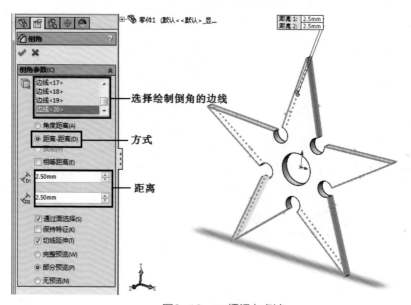

图3–13　飞镖添加倒角

图3–14　飞镖最终效果

3.2 法兰模型建模方法及其步骤

任务：使用SolidWorks2014（或2013等其他版本）3D建模软件，完成法兰模型的建模（实物图形如图3-15所示，工程图如图3-16所示）。

根据对模型的观察，我们应首先进行法兰底座的创建，然后是法兰体，最后创建法兰耳的部分。由下到上、由内而外来绘制这一模型。

图3-15 法兰模型

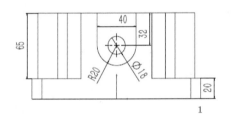

1

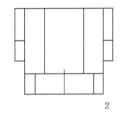

2

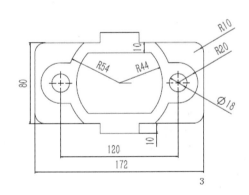

3

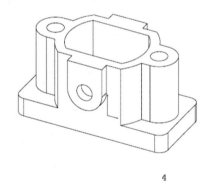

4

图3-16 法兰模型的工程图

3.2.1 对"底板"进行建模

步骤一：鼠标左键选择SolidWorks2013桌面快捷方式，双击快捷方式，打开软件，如图3-17所示；选择图示中的"新建"命令按钮，新建一个零件，进入如图3-18所示的软件界面。

图3-17 启动软件

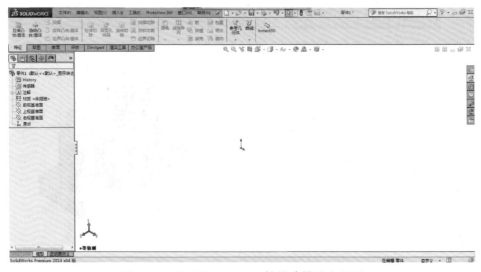

图3-18　SolidWorks2013软件建模的主界面

步骤二：按鼠标左键选择"前视基准面"，选择最右边的"正视于"命令，选择前视基准面，按鼠标右键选择最左边的"草图绘制"命令，进入草图绘制的界面，如图3-19所示；选择草图工具中的"矩形"命令，如图3-20，以原点为中心画一个矩形，给绘制的矩形标上尺寸长172mm，宽80mm，单击"退出草图"命令，完成草图的绘制。

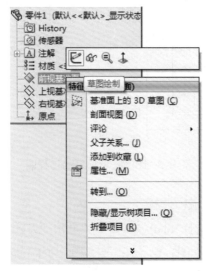

图3-19　法兰"底板"建模——选择基准面

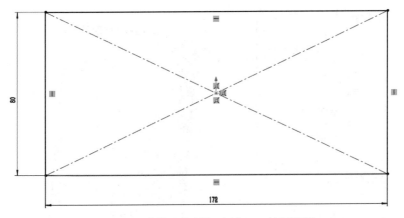

图3-20 法兰"底板"建模——绘制矩形

步骤三：选择特征工具中的"拉伸凸台"命令，在深度尺寸框中输入尺寸20mm，单击左上方的确定按钮，如图3-21所示。

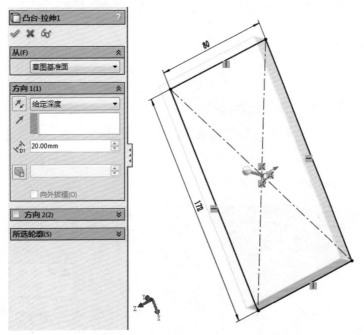

图3-21 法兰"底板"建模——拉伸底板

步骤四：选择特征工具中的"圆角"命令，如图3-22，选中所需要添加圆角的边线，在框内输入所添加圆角的半径10mm，单击左上方的确定按钮。

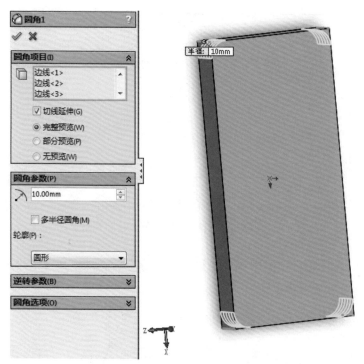

图3-22　法兰"底板"建模——添加圆角

3.2.2　对"法兰体"进行建模

步骤一：如图3-23，在高亮的这个面选择"正视于"后，右击这个面选择
"绘制草图"命令，选择草图工具中的"中心线"命令，然后如图3-24，画出
两条过中点且互相垂直的中心线。

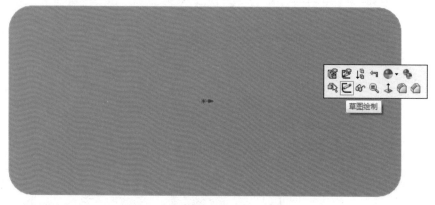

图3-23　法兰"法兰体"建模-1

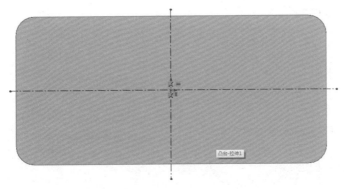

图3-24　法兰"法兰体"建模-2

步骤二：选择草图工具中的"圆"命令，如图3-25，过水平中心线画一个圆，如图3-25，给绘制的圆标上尺寸直径为18mm；选择草图工具中的"中心线"命令，过绘制的圆的圆心画一条竖直的中心线，添加与原点的水平距离尺寸60mm。

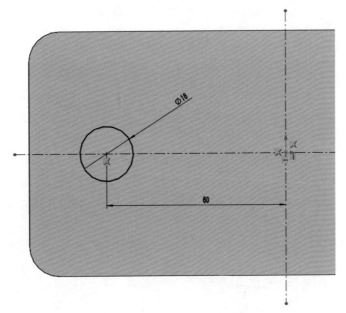

图3-25　法兰"法兰体"建模-3

步骤三：选择草图工具中的"半圆弧"命令，如图3-26，以上一步骤所绘制的圆的中心为圆心画一个半圆，给绘制的半圆标上尺寸半径为20mm。

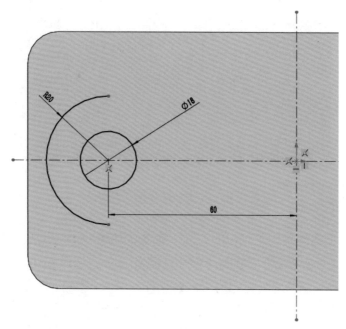

图3-26　法兰"法兰体"建模-4

　　步骤四：选择草图工具中的"圆"命令，如图3-27，以原点为圆心画一个圆并添加尺寸，直径为108mm；选择草图工具中的"直线"命令，如图3-27，画出两条与上一步骤绘制的半圆相切并与本步骤绘制的大圆相交的水平直线。

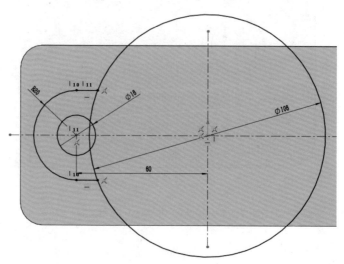

图3-27　法兰"法兰体"建模-5

步骤五：选择草图工具中的"转换实体引用"命令，如图3-28，选择高亮的两条边，单击"转换实体引用"菜单栏左上方的确定按钮。

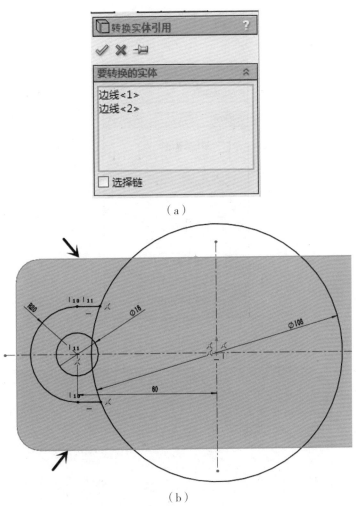

（a）

（b）

图3-28　法兰"法兰体"建模-6

步骤六：选择草图工具中的"剪裁实体"命令，在剪裁实体选项框中选择"剪裁到最近端"，把多余的线剪裁掉，剩下如图3-29所示的草图。

（a）

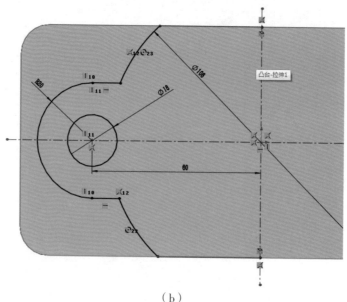

（b）

图3-29　法兰"法兰体"建模-7

步骤七：选择草图工具中的"镜向"命令，如图3-30，选择要镜向的实体（上一步骤剪裁后剩余的草图），选择过原点垂直的中心线为镜向点，单击左上方的确定按钮，完成草图的镜向。

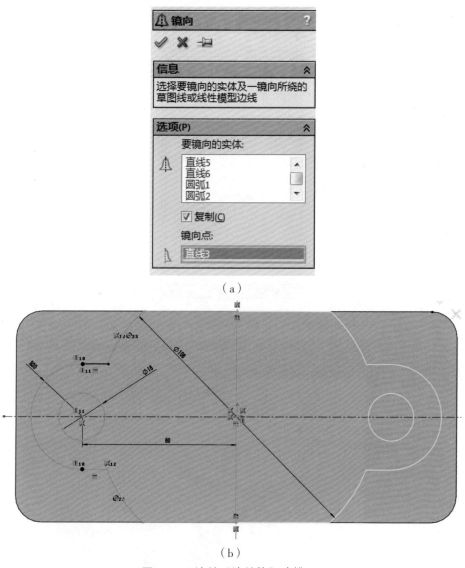

（a）

（b）

图3-30　法兰"法兰体"建模-8

步骤八：如图3-31，选择特征工具中的"拉伸凸台"命令，在深度尺寸框中输入尺寸，拉伸深度为65mm，单击"拉伸凸台"菜单栏左上方的确定按钮，完成法兰体的建模。

（a）

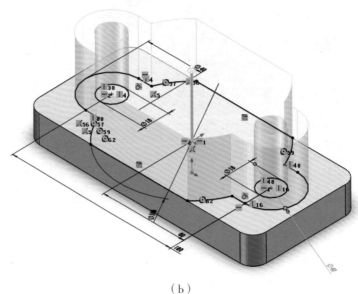

（b）

图3-31 法兰"法兰体"建模-9

步骤九：选择如图3-32所示高亮的面，后右击此面选择"草图绘制"命令，选择草图工具中的"圆"命令，以原点为圆心画一个圆，选择草图工具中的"直线"命令，如图3-33，画出两条平行直线并添加尺寸，两平行线距离为88mm，关于原点对称。

图3-32　法兰"法兰体"建模-10

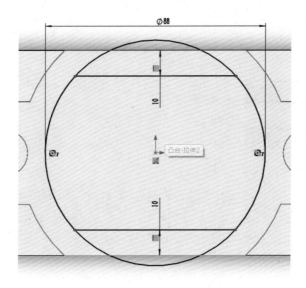

图3-33　法兰"法兰体"建模-11

步骤十：选择草图工具中的"剪裁实体"命令，在剪裁实体选项框内选择"剪裁到最近端"，把多余的线段剪掉，剩下如图3-34所示的草图；选择草图工具中的"转换实体引用"命令，如图3-35，选择两边高亮的两个圆，单击左上方的确定按钮，完成实体转换引用。

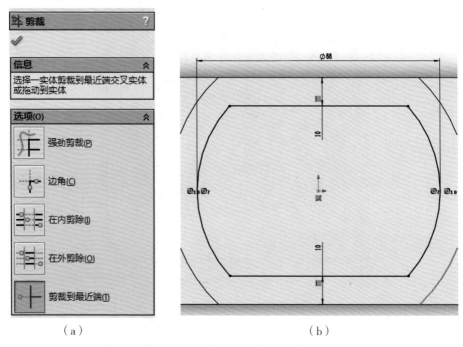

（a）　　　　　　　　　　　　　　　　（b）

图3-34　法兰"法兰体"建模-12

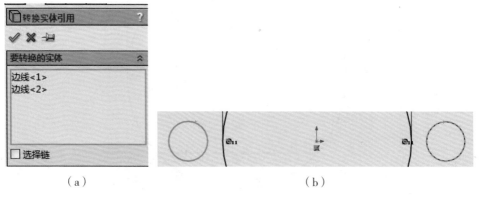

（a）　　　　　　　　　　　　　　　　（b）

图3-35　法兰"法兰体"建模-13

步骤十一：选择特征工具中的"拉伸切除"命令，方向1中选择"完全贯穿"，如图3-36，选择法兰底板的底面，单击拉伸切除菜单栏左上方的确定按钮，完成拉伸切除命令。

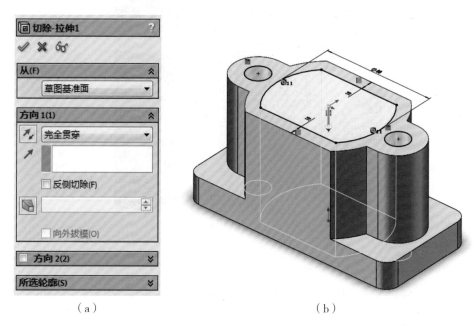

（a）　　　　　　　　　　　　　　　（b）

图3-36　法兰"法兰体"建模-14

3.2.3　对"法兰耳"进行建模

步骤一：如图3-37，选择高亮的面并正视于，接着右击此高亮的面选择"草图绘制"命令；选择草图工具中的"直线"命令，画出三条直线后选择草图工具中的"半圆弧"命令，绘制出如图3-38所示的圆弧（半圆圆心与竖直的中心线重合）。

图3-37　法兰"法兰耳"建模-1

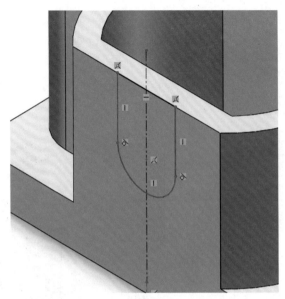

图3-38　法兰"法兰耳"建模-2

　　步骤二：选择草图工具中的"圆"命令，如图3-39，过半圆圆心绘制一个圆并添加尺寸，直径为18mm；选择特征工具中的"拉伸凸台"命令，在深度尺寸框中输入10mm，单击拉伸菜单栏左上方的确定按钮，完成拉伸，如图3-40所示。

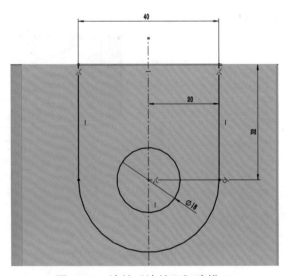

图3-39　法兰"法兰耳"建模-3

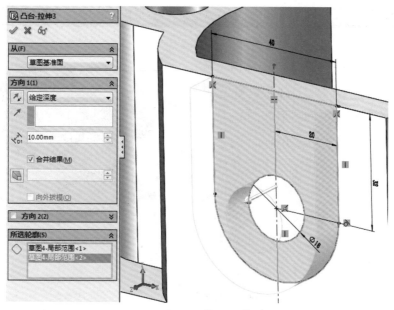

图3-40　法兰"法兰耳"建模-4

　　步骤三：选择特征工具中的"镜向"命令，基准面选择"上视基准面"，要镜向的特征选择上一步骤绘制的凸台拉伸，单击"镜向"菜单栏左上方的确定按钮，完成镜向命令，完成整个模型的建模，如图3-41所示。

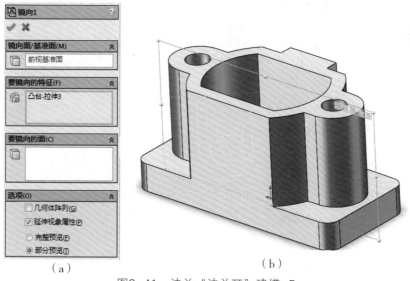

（a）　　　　　　　　　　　　　（b）

图3-41　法兰"法兰耳"建模-5

3.3 机座建模方法及其步骤

任务：使用SolidWorks2014（或2013等其他版本）3D建模软件，完成机座的建模（实物图形如图3-42所示，工程图如图3-43所示）。

（1）模型结构特点分析：机座模型主要由七部分组成，即1. 中间套筒、2. 支撑筒壁、3. 底座、4. 加强筋板、5. 连接曲管、6. 套筒、7. "V"形漏斗。

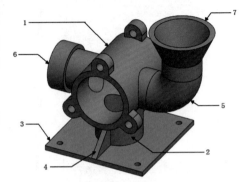

图3-42　机座

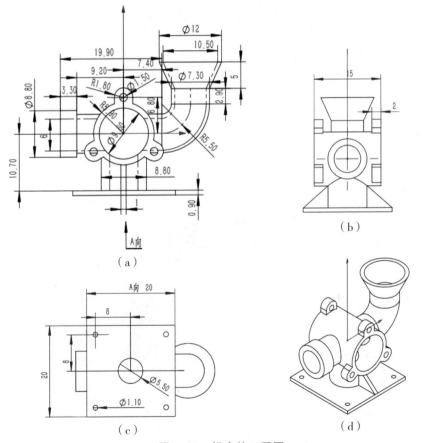

（a）

（b）

（c）

（d）

图3-43　机座的工程图

（2）主要使用的特征命令：2D草图绘制、圆周阵列、添加基准面、拉伸凸台、拉伸切除、筋、扫描、扫描切除、放样凸台、放样切除、镜向实体等。

（3）训练目的：通过对机座模型的创建，练习模型平面草图的绘制，熟悉并掌握SolidWorks2013软件中各命令按钮的参数设置步骤及方法，熟悉各特征命令的具体用法。

3.3.1　对"中间筒"进行建模

步骤一：鼠标左键选择SolidWorks2013桌面快捷方式，双击快捷方式，打开软件，如图3-44所示。

图3-44　机座"中间筒"建模-1

步骤二：选择图示中的"新建"命令按钮，新建一个零件，弹出操作界面，如图3-45及图3-46所示。

图3-45　机座"中间筒"建模-2

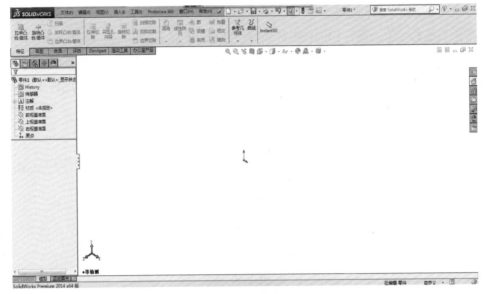

图3-46　机座"中间筒"建模-3

步骤三：选择"前视基准面"并正视于，单击菜单栏左上角的"草图绘制"命令，进入草图绘制的界面，如图3-47所示；选择草图工具栏中"绘制圆"命令，在前视基准面上绘制两个圆，如图3-48所示，两个圆的圆心重合，且两个圆的直径不相等。

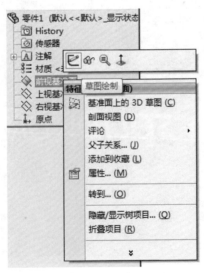

图3-47　机座"中间筒"建模-4

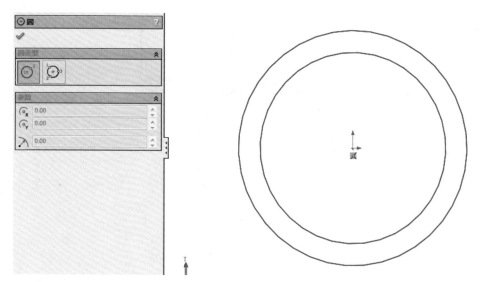

图3-48　机座"中间筒"建模-5

步骤四：如图3-49，将鼠标指针移动到左上方"智能尺寸"命令按钮，按鼠标左键选择智能尺寸，对所绘制的圆进行尺寸的标注。鼠标左键选择内圆，在弹出的尺寸输入框中输入尺寸9.6mm后单击确定；重复以上操作对外圆进行尺寸标注，输入尺寸11.8mm后单击确定，如图3-50和图3-51所示。

图3-49　机座"中间筒"建模-6

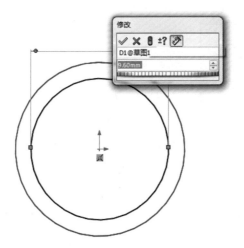

图3-50 机座"中间筒"建模-7

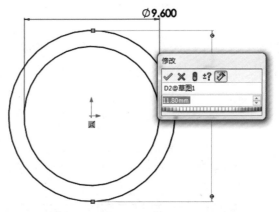

图3-51 机座"中间筒"建模-8

步骤五：如图3-52，将鼠标指针移动到左上方，按鼠标左键选择"特征"命令，按鼠标左键，选择"拉伸凸台"命令。对参数设置界面进行参数设置，拉伸深度栏中输入15mm，鼠标移至"给定深度"命令栏上，单击下拉菜单选择下拉菜单中的"两侧对称"命令，接着单击参数设置窗口左上方确定按

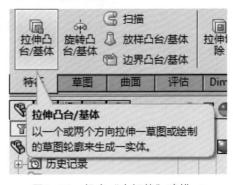

图3-52 机座"中间筒"建模-9

钮，完成凸台的拉伸，如图3-53所示，最后建立如图3-54所示的实体模型。

图3-53 机座"中间筒"建模-10

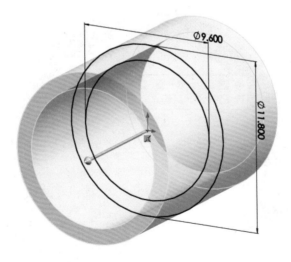

图3-54 机座"中间筒"实体模型

3.3.2 对"中间套筒耳"进行建模

步骤一：如图3-55，将鼠标箭头移至模型的高亮端面上，按鼠标左键选择该平面并作正视于操作。鼠标右键单击高亮端面，选择 "草图绘制"命令，如图3-56所示，进入草图绘制的界面，接下来在所选择的端面上进行草图绘制。

图3-55　机座"筒耳"建模-1

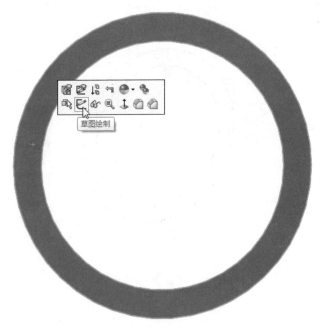

图3-56　机座"筒耳"建模-2

步骤二：选择"草图"工具栏中的"直线"命令，鼠标左键单击"直线"命令，选择下拉选项中的"中心线"，如图3-57所示。通过圆的圆心绘制一条中心线，中心线的两端点在圆的外面，如图3-58所示。

图3-57 机座"筒耳"建模-3

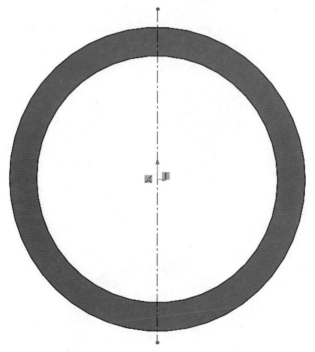

图3-58 机座"筒耳"建模-4

步骤三：接下来要绘制套筒上两侧对称的"耳朵"，它由内直径为1.5mm，外半径为1.8mm的半圆弧组成。首先完成一只"耳朵"草图的绘制，然后通过"圆周草图阵列"来完成其余部分草图的绘制。最终绘制完成效果如图3-59所示。

（a）

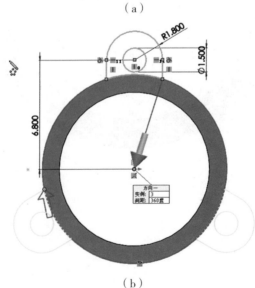

（b）

图3-59　机座"筒耳"建模-5

步骤四：选择特征工具中的"拉伸凸台"命令，拉伸参数设置菜单的方向1中选择"给定深度"，选择反向；在深度尺寸框中输入尺寸2mm，单击左上方的确定按钮，如图3-60所示。

（a）

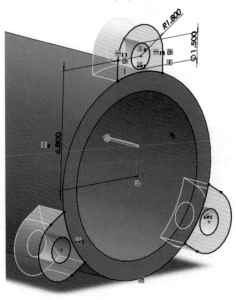

（b）

图3-60　机座"筒耳"建模-6

步骤五：选择特征工具中的"镜向"命令，在"镜向面/基准面"框中选择"前视基准面"，要镜向的实体框中选择"凸台拉伸2"，单击左上方的确定按钮完成镜向操作，如图3-61所示。

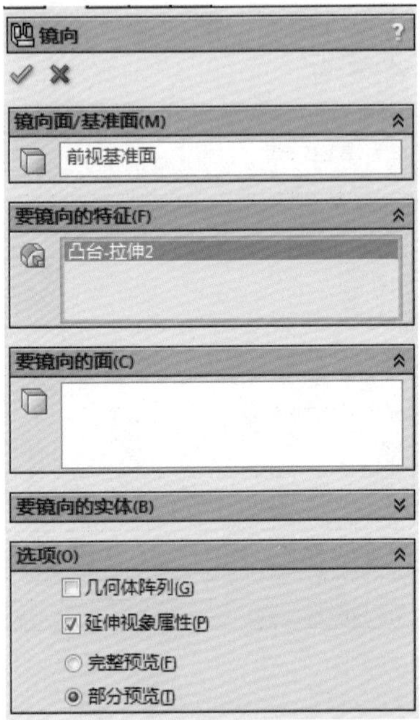

（a）

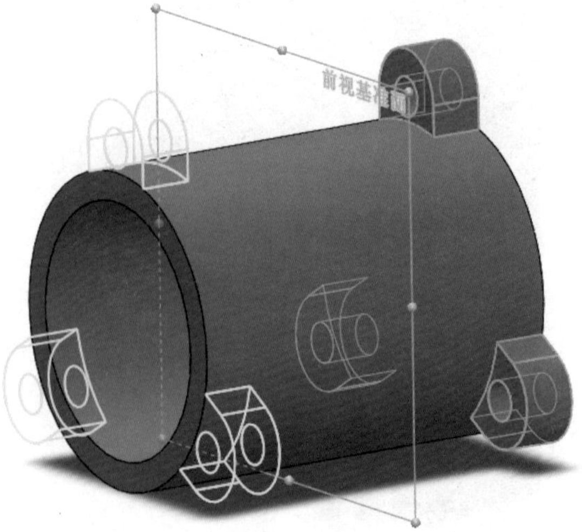

（b）

图3-61　机座"筒耳"建模-7

3.3.3　对"支撑筒壁"建模

步骤一：如图3-62，选择特征工具中的参考几何体命令中的"基准面"命令，如图3-63，在第一参考选择"上视基准面"，在深度框中输入深度10mm，选择"反转"命令，单击左上方的确定按钮完成基准面的建立。

图3-62　机座"支撑筒壁"建模-1

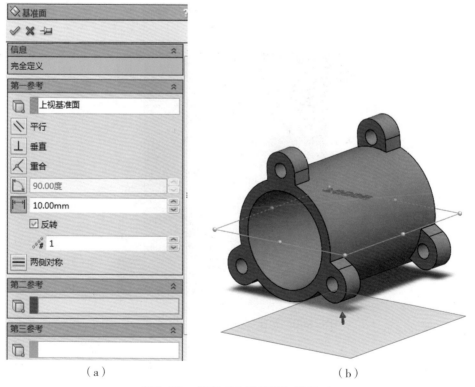

（a）　　　　　　　　　　　　　　　　（b）

图3-63　机座"支撑筒壁"建模-2

步骤二：如图3-64，选择基准面1，后选择"草图绘制"命令，进入草图绘制界面，选择草图工具中的"圆"命令，如图以原点为圆心画一个圆，选择草图工具中的"智能尺寸"命令；如图3-65，给圆标上直径为8.8mm，单击确定按钮完成草图的绘制。

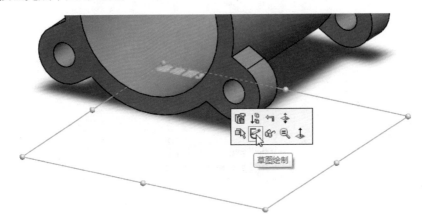

图3-64　机座"支撑筒壁"建模-3

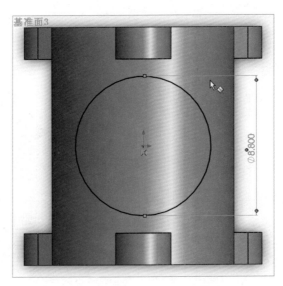

图3-65　机座"支撑筒壁"建模-4

步骤三：选择特征工具中的"拉伸凸台"命令，在拉伸凸台参数设置菜单的方向1中选择"成形到一面"，选择框中选择如图3-66中间筒的内圆柱面，单击左上方的确定按钮，完成拉伸操作。

（a）

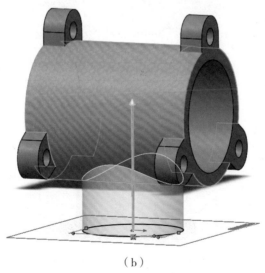

（b）

图3-66 机座"支撑筒壁"建模-5

3.3.4 对"底座"建模

步骤一：选择基准面1，后选择"草图绘制"命令，选择草图工具中的"矩形命令"，如图3-67，以原点为中心画一个矩形，接着选择草图工具中的"智能尺寸"命令，给刚画的矩形标上尺寸，长宽都为20mm。

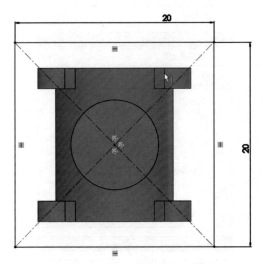

图3-67 机座"底座"建模-1

步骤二：选择草图工具中的"绘制圆"命令，如图3-68所示，在矩形的对角线上画一个圆，选择草图工具中的"智能尺寸"命令，给刚才画的圆标上尺寸，给圆心和原点添加上水平尺寸8mm。

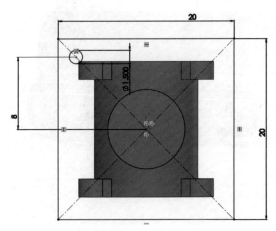

图3-68 机座"底座"建模-2

步骤三：选择草图工具中的草图线性阵列中的"圆周阵列"命令，阵列菜单中的参考点选择如图3-69所示的原点，输入阵列个数4，在"要阵列的实体"框中选择左上角的小圆，单击阵列菜单左上方的确定按钮。

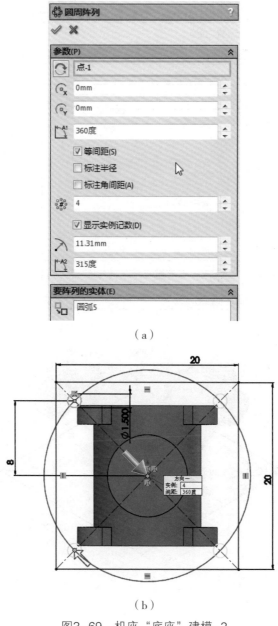

（a）

（b）

图3-69 机座"底座"建模-3

步骤四：选择特征工具中的"拉伸凸台"命令，如图3-70所示，拉伸菜单栏中方向选择"反向"，方向1中选择"给定深度"，在深度尺寸框中输入尺寸0.9mm，单击拉伸菜单栏左上方的确定按钮。

图3-70 机座"底座"建模-4

步骤五：如图3-71，选择高亮的面并正视于后，再次单击此面选择"草图绘制"命令，选择草图工具中的"圆"命令；如图3-72，以原点为圆心画一个圆，并标上尺寸，直径为5.5mm，单击确认按钮完成。

图3-71　机座"底座"建模-5

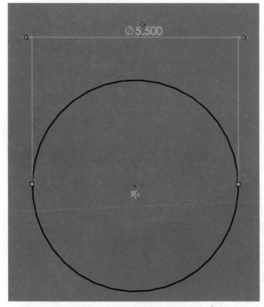

图3-72　机座"底座"建模-6

步骤六：选择上一步骤绘制的草图，单击特征命令中的"拉伸切除"命令，在拉伸切除菜单栏中的方向1选择"成形到一面"，在选择框中选择所要成形到的一个面，如图3-73所示，单击拉伸切除菜单栏左上角的确定按钮。

（a）

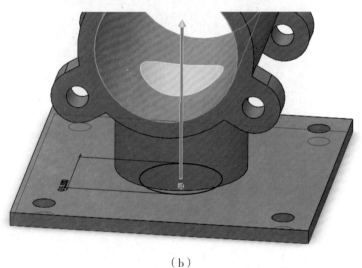

（b）

图3-73　机座"底座"建模-7

3.3.5　对"加强筋板"建模

步骤一：如图3-74，右击选择右视基准面单击"正视于"命令，后单击右视基准面选择"草图绘制"命令，选择草图工具的"直线"命令，如图3-75，画一条直线，单击退出草图命令。

图3-74　机座"加强筋板"建模-1

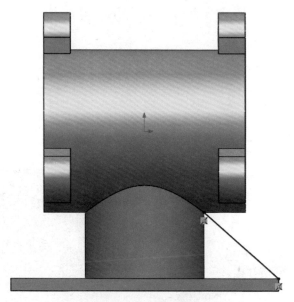

图3-75　机座"加强筋板"建模-2

步骤二：如图3-76，选择特征工具的"筋"命令，在筋命令的窗口中选择厚度为"两侧对称"，在厚度框中输入厚度距离1mm，取消"反转材料"选项（是否选择反转材料视具体情况而定），单击窗口左上方的确定按钮，完成单边筋的绘制。

（a）

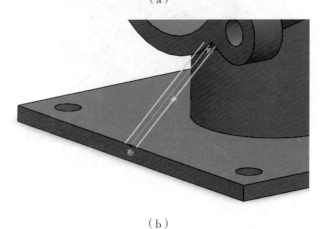

（b）

图3-76　机座"加强筋板"建模-3

步骤三：选择特征工具中的"镜向"命令，在镜向面/基准面中选择"前视基准面"，要镜向的特征选择"筋1"，单击左上方确定按钮，如图3-77所示。

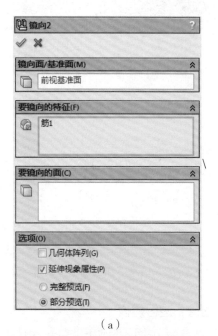

（a）

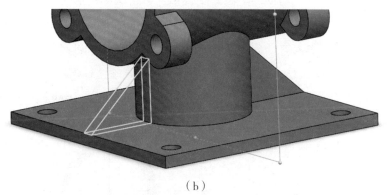

（b）

图3-77　机座"加强筋板"建模-4

步骤四：选择软件界面正上方的"另存为"按钮，在保存窗口中选择要保存的位置，输入保存的名字，单击确定按钮，对模型进行阶段保存，如图3-78所示。

图3-78　机座"加强筋板"建模-5

3.3.6　对"连接曲管"进行建模

步骤一：右击前视基准面单击"正视于"，再次单击前视基准面选择"草图绘制"命令，如图3-79所示；选择草图工具中的"直线"命令，如图过原点画一条水平直线后紧接按下键盘上的A键，继续画一个半圆后向上画一条垂直的直线，然后给草图添加尺寸，尺寸如图3-80所示，退出草图。

图3-79　机座"连接曲管"建模-1

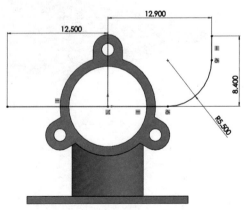

图3-80　机座"连接曲管"建模-2

步骤二：选择特征工具中的参考几何体命令中的"基准面"命令，第一参考选择如图3-81所示。第二参考选择草图右上角的竖直线，接着单击左上方的确定按钮完成基准面的创建。

（a）

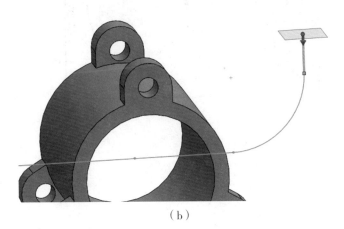

（b）

图3-81　机座"连接曲管"建模-3

步骤三：如图3-82，选择上一步骤新建的基准面，选择正视于后再次单击基准面选择"草图绘制"命令，选择草图工具中的"圆"命令；如图3-83，以原点为圆心画一个圆，给画的圆标上尺寸直径7.3mm，退出草图绘制命令。

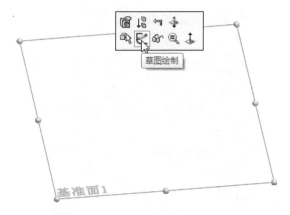

图3-82　机座"连接曲管"建模-4

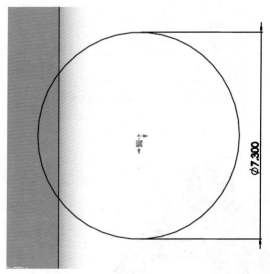

图3-83　机座"连接曲管"建模-5

步骤四：选择特征工具中的"扫描"命令，如图3-84，轮廓框选择草图圆，路径框选择草图路径，单击左上方的确定按钮，完成扫描特征的建立。

（a）

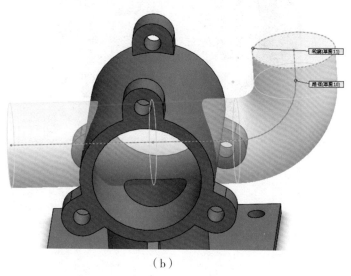

（b）

图3-84　机座"连接曲管"建模-6

步骤五：如图3-85，选择高亮的面并选择正视于，然后再次单击这个面选择"草图绘制"命令，选择草图工具中的"圆"命令；如图3-86，以图中圆的原点为圆心画一个圆，给绘制的圆标上尺寸直径为6mm，退出草图绘制。

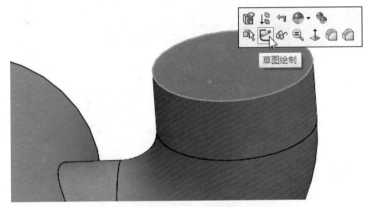

图3-85　机座"连接曲管"建模-7

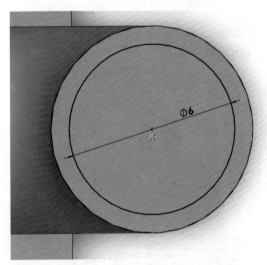

图3-86　机座"连接曲管"建模-8

步骤六：选择特征工具中的"扫描切除"命令，轮廓框中选择如图3-87的草图圆，路径框选择草图轮廓线，单击拉伸切除菜单栏左上方的确定按钮，完成扫描切除命令。

（a）

（b）

图3-87 机座"连接曲管"建模-9

3.3.7 对"套筒"进行建模

步骤一：选择如图3-88所示高亮的面选择正视于后，再次单击这个面选择"草图绘制"命令，选择草图工具中的"圆"命令；如图3-89，以原点为圆心画两个圆，内圆尺寸为直径6mm，外圆尺寸为直径8.8mm，退出草图绘制。

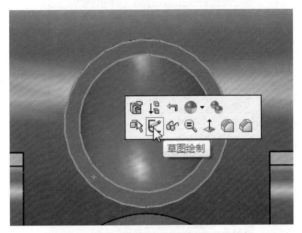

图3-88 机座"套筒"建模-1

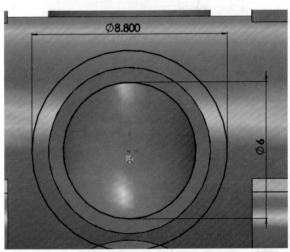

图3-89 机座"套筒"建模-2

步骤二：选择特征工具中的"拉伸凸台"命令，方向1中选择"给定深度"，在深度尺寸框中输入尺寸3.3mm，单击拉伸凸台菜单栏左上方的确定按钮，完成拉伸命令操作，如图3-90所示。

（a）

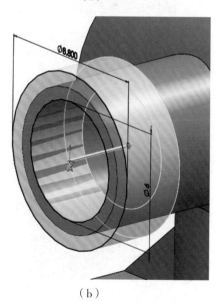

（b）

图3-90　机座"套筒"建模-3

3.3.8 对"V"型漏斗进行建模

步骤一：如图3-91，选择特征工具中的参考几何体命令中的"基准面"命令，第一参考选择机座右上角的水平上端面，在第一参考的深度框中输入高度尺寸5mm，单击左上方的确定按钮，完成基准面创建。

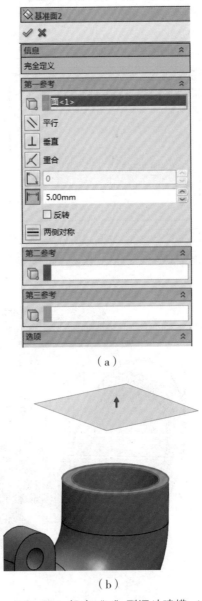

图3-91 机座"V"型漏斗建模-1

步骤二：如图3-92，选择新建的基准面，选择正视于后再次单击基准面选择"草图绘制"命令，选择草图工具中的"圆"命令；如图3-93，以图中圆的原点为圆心画一个圆，标定尺寸直径为12mm，退出草图命令。

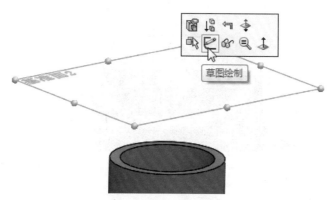

图3-92 机座"V"型漏斗建模-2

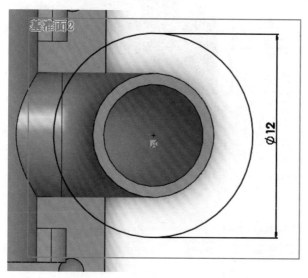

图3-93 机座"V"型漏斗建模-3

步骤三：选择如图3-94机座右上角的上端面，选择"草图绘制"命令，选择草图工具中的"转换实体引用"命令，在"转换实体引用"框中选择如图3-95所示上端面外圆，单击左上方的确定按钮。

图3-94　机座"V"型漏斗建模-4

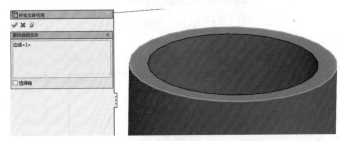

图3-95　机座"V"型漏斗建模-5

步骤四：如图3-96，选择特征工具中的"放样"命令，在轮廓框中选择在基准面3上面绘制的圆，在轮廓框中选择上一步骤绘制的圆，单击左上方的确定按钮。

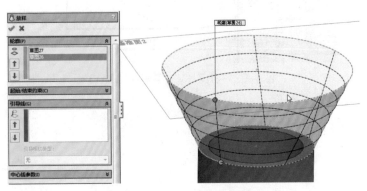

图3-96　机座"V"型漏斗建模-6

步骤五：鼠标右键选择如图3-97高亮面，点击"草图绘制"命令，选择草图工具栏中的"圆"命令，以上一步骤中的面的中心为圆心画一个圆，并标注尺寸直径为10mm，如图3-98所示，退出"草图绘制"，如图3-99所示。

图3-97　机座"V"型漏斗建模-7

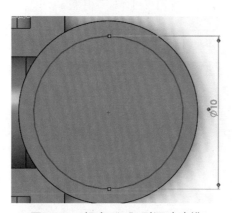

图3-98　机座"V"型漏斗建模-8

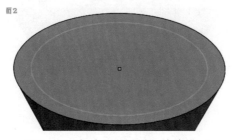

图3-99　机座"V"型漏斗建模-9

步骤六：如图3-100，选择特征工具中的"切除放样"命令，在轮廓框中选择机座右上角水平端面上新绘制的圆，在轮廓框中选择连接曲管右上端面的内圆，单击左上方的确定按钮。

（a）

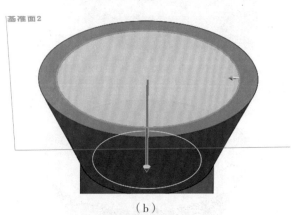

（b）

图3-100　机座"V"型漏斗建模-10

步骤七：选择如图3-101高亮的面，选择正视于后再次单击这个面选择"草图绘制"命令，选择草图工具中的"圆"命令，如图3-102以原点为圆心画一个圆与套筒内径重合。

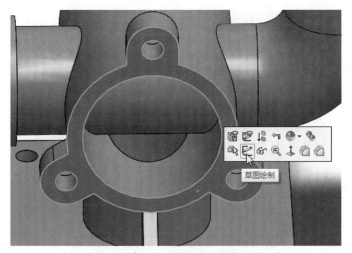

图3-101 机座"V"型漏斗建模-11

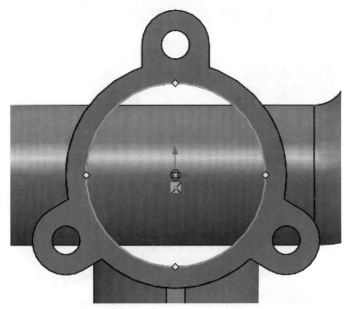

图3-102 机座"V"型漏斗建模-12

步骤八：选择特征工具中的"拉伸切除"命令，方向1中选择"完全贯穿"，如图3-103所示；单击左上方的确定按钮，完成整个模型的建模，如图3-104所示。

（a）

（b）

图3-103　机座"V"型漏斗建模-13

图3-104　机座最终效果图

第4章
3D打印建模应用实例

3D建模及3D打印技术应用范围非常广泛，本章我们仅以中小学教育的几个典型教具为例，与教学应用相结合，使读者进一步熟悉3D建模过程。

4.1 物理教具——滑轮

4.1.1 教具简介

1. 为什么选择滑轮？

图4-1　生活中的滑轮

滑轮贴近现实。在生活当中，我们经常可以见到滑轮，如升旗时旗杆上的定滑轮，起重机挂钩上的动滑轮等。而且在我们初中人教版物理课本的第十三章"力和机械"就有讲到滑轮。在教学中，直接使用3D打印的滑轮来进行教学互动，可以活跃课堂气氛，让同学们能更好地理解滑轮组的省力原理，也能更好地达到我们的教学目的。

2. 什么是滑轮?

滑轮是一个周边有槽，能够绕轴转动的小轮。而根据滑轮中心轴的位置是否移动，还可将滑轮分为"定滑轮""动滑轮"。定滑轮的中心轴固定不动，动滑轮的中心轴可以移动，各有各的优势和劣势。

定滑轮原理：使用时，滑轮的位置固定不变；定滑轮实质是等臂杠杆，不省力也不费力，但可以改变作用力方向。杠杆的动力臂和阻力臂分别是滑轮的半径，由于半径相等，所以动力臂等于阻力臂，杠杆既不省力也不费力。

动滑轮原理：动滑轮省1/2力，多费1倍距离，这是因为使用动滑轮时，钩码由两段绳子吊着，每段绳子只承担钩码重量的一半，但动滑轮不能改变力的方向。

滑轮组：如图4-2，由定滑轮和动滑轮组成的滑轮组，既省力又可改变力的方向。但不可以省功，因为滑轮组省了力，但费了距离。

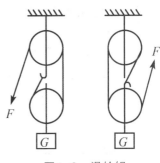

图4-2 滑轮组

4.1.2 滑轮的绘制

步骤一：首先新建零件，选择右视基准面进入"草图绘制"窗口，如图4-3所示；选择"绘制直线"命令，过原点绘制一条直线；直线两端添加关于原点对称关系，如图4-4所示。

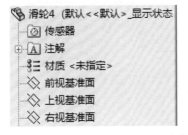

图4-3 右视基准面&草图绘制

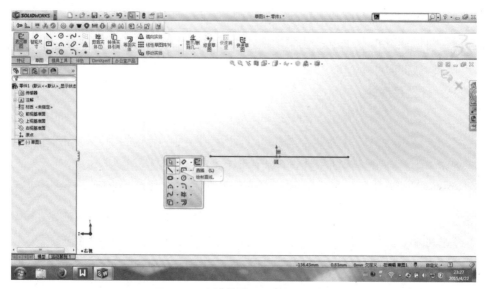

图4-4　直线绘制&添加对称关系

步骤二：选择草图工具栏中的"绘制矩形"命令，在上一步骤绘制的直线基础上绘制出如图4-5所示的矩形并添加尺寸，高为20mm，宽为14mm。

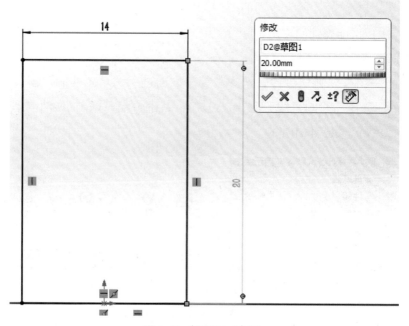

图4-5　矩形尺寸标注

步骤三：选择草图工具栏中的"绘制圆弧"命令，绘制出如图4-6所示圆弧并根据图4-7所示为圆弧添加尺寸。

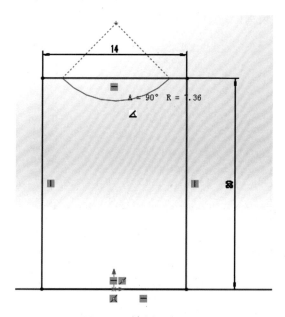

图4-6　绘制三点圆弧

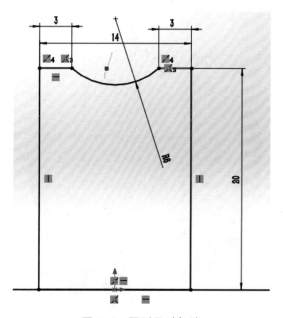

图4-7　圆弧尺寸标注

步骤四：选择特征工具栏中"旋转特征"命令，在旋转特征命令菜单栏中的"旋转轴"一栏中选择过原点的直线，在所选轮廓框中选择如图4-8所示的高亮的面，单击此菜单栏左上角的确认按钮完成旋转特征的绘制。

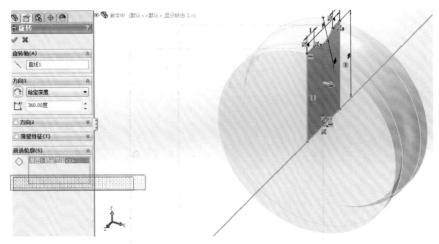

图4-8　旋转特征属性设置

步骤五：在旋转出的实体上，选择如图4-9所示高亮的面作为基准面，选择"草图绘制"命令，并选择正视于。

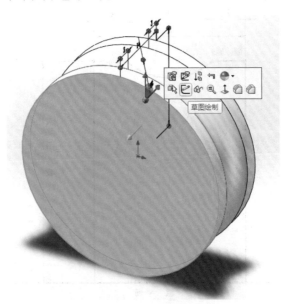

图4-9　选择草图基准面

步骤六：选择草图工具栏中的"绘制中心线"命令，过原点绘制一条竖直的中心线；接着选择草图工具栏中的"绘制圆"命令，绘制圆的圆心固定在中心线上，如图4-10所示，标注圆的尺寸。

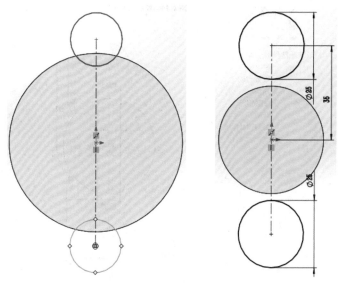

图4-10 绘制圆&标注圆尺寸

步骤七：选择草图工具栏中的"绘制直线"命令，绘制两条与上一步骤绘制的两个圆相交并互相垂直的直线，并标注尺寸，如图4-11所示。

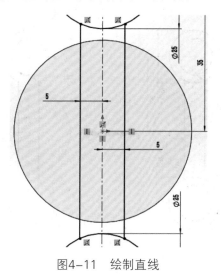

图4-11 绘制直线

步骤八：选择草图工具栏中的"等距实体"命令，选择步骤六绘制的两个圆，向里等距距离为4mm，单击等距实体菜单栏左上角的确认按钮，完成等距实体操作，如图4-12所示。

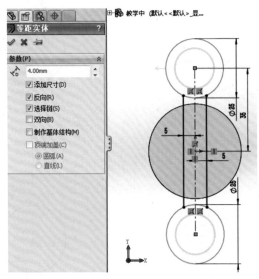

图4-12　等距实体属性设置

步骤九：选择草图工具栏中的"绘制直线"命令，绘制出如图4-13（a）所示的草图；接着选择草图工具栏中的"剪裁实体"命令，根据图4-13（b）所示把多余的线段剪裁掉，完成实体的剪裁。

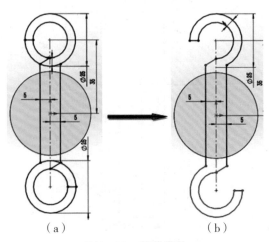

（a）　　　　　　　　　　　（b）

图4-13　剪裁实体

步骤十：选择特征工具栏中的"拉伸凸台"命令，在拉伸菜单栏的方向1中选择"反向"（方向视具体情况而定，此处以图4-14所示为准）及"给定深度"，在深度尺寸输入框里输入拉伸深度3mm，单击拉伸命令菜单栏左上角的确认按钮，完成拉伸命令的建模。

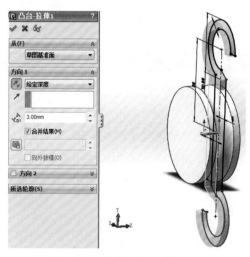

图4-14　拉伸特征属性设置

步骤十一：选择特征工具栏中的"圆角"命令，在圆角项目框中选择需要添加圆角的边，如图4-15所示高亮的边，圆角半径为2mm，单击圆角菜单栏左上角的确认按钮，完成整个滑轮的建模，最终效果图如图4-16所示。

图4-15　添加圆角

图4-16　滑轮效果

4.2　化学教具——甲烷分子

4.2.1　教具简介

在化学教学中，老师或书本对分子结构的描述，往往不能使学生在脑海里直接形成时空图像。这时，分子模型就在教学中起到了重要的作用。分子模型在教学中的应用，使得老师在教学中更易于向学生们讲授化学知识，同时学生也能更好地理解和接受。

模型在化学教学中的应用，也使得接受模型教学的学生，在学习化学知识的过程中，学习得更快、更好，记忆得更加牢靠。因此，学会分子模型的建模对老师的教学和学生的学习都是非常有帮助的。

4.2.2　甲烷分子的绘制

步骤一：启动SolidWorks软件，选择"新建"命令新建一个零件，进入零件绘制窗口，如图4-17；接着选择"前视基准面"，在弹出的命令栏中选择"草图绘制"命令，进行草图绘制，如图4-18所示。

图4-17　新建甲烷分子零件

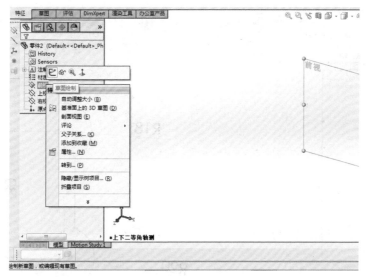

图4-18　甲烷分子草图建立

步骤二：选择草图工具栏中的"绘制中心线"命令，过原点绘制一条竖直的中心线，如图4-19所示；选择草图工具栏中的"绘制直线"命令以及"绘制三点圆弧"命令，绘制出两个半圆弧以及一条竖直的直线，并按照如图4-20所示标上尺寸（下圆弧以原点为圆心）。

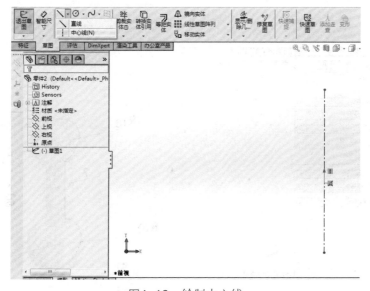

图4-19　绘制中心线

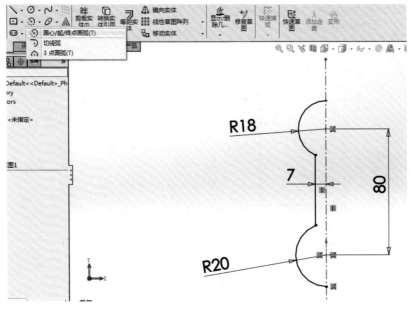

图4-20　绘制甲烷分子旋转草图

步骤三：选择特征工具栏中"旋转实体"命令，旋转轴选项框内选择"直线"，其他参数选择默认值即可，单击旋转实体命令菜单栏左上角的确认按钮完成实体的旋转，如图4-21所示。

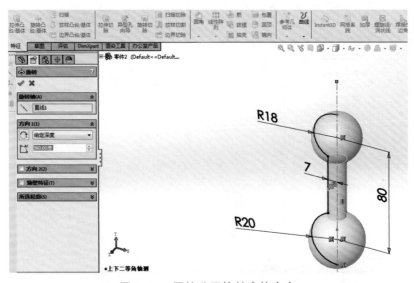

图4-21　甲烷分子旋转实体命令

步骤四：再次选择前视图为基准面绘图，在弹出的命令栏中选择"草图绘制"命令，过原点绘制一个任意半径的圆，如图4-22所示。

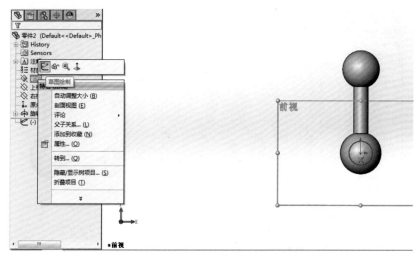

图4-22　甲烷分子旋转圆绘制

步骤五：选择特征工具栏中"线性阵列"下拉菜单中的"曲线驱动的阵列"，如图4-23所示。

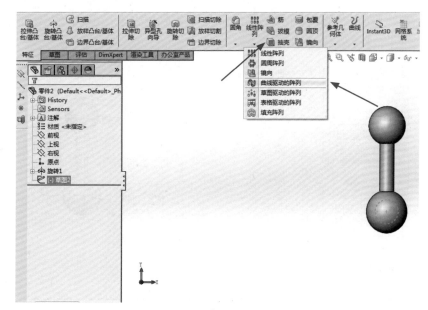

图4-23　甲烷分子曲线驱动阵列

步骤六：在曲线驱动阵列菜单栏中的方向选项框中选择草图2（即步骤四绘制的圆），阵列个数为3，选择等间距选项框，如图4-24所示。

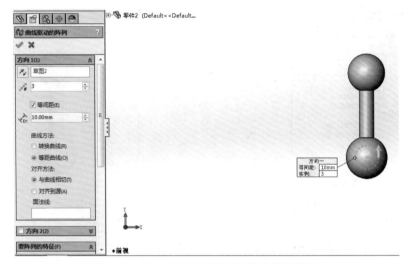

图4-24　甲烷分子曲线驱动阵列参数设定

步骤七：下拉曲线驱动阵列菜单栏的滚动条，在要阵列的特征选项框中选择"旋转1"（即步骤三所绘制的模型），可跳过的实例选项框中选择左下角的阵列特征，单击曲线驱动阵列菜单栏左上角的确认按钮，完成曲线驱动阵列，并对模型进行保存，如图4-25所示。

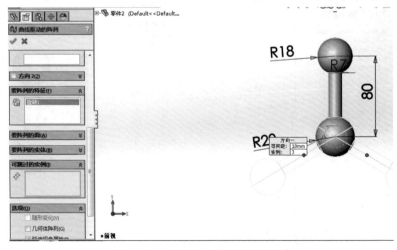

图4-25　甲烷分子曲线驱动阵列

步骤八：选择上视图为基准面，在弹出的命令栏中选择"草图绘制"命令，绘制出以原点为圆心任意半径的圆，如图4-26所示。

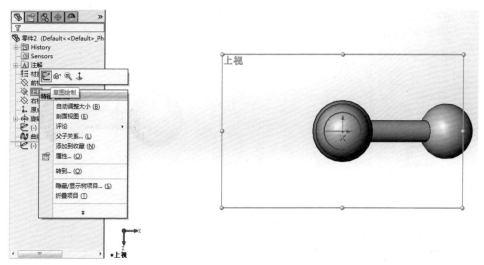

图4-26 甲烷分子旋转圆草图

步骤九：再次选择特征工具栏线性阵列下拉菜单中的"曲线驱动阵列"命令，如图4-27所示。

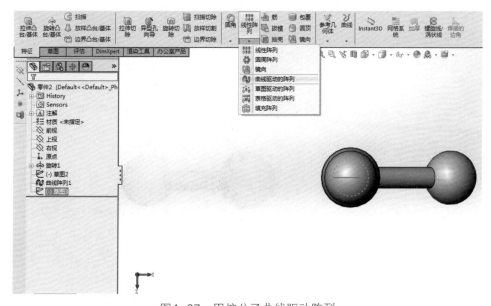

图4-27 甲烷分子曲线驱动阵列

步骤十：在曲线驱动阵列菜单栏中的方向选项框中选择"草图3"（即步骤八绘制的圆），个数框内输入数量3，选择等间距，如图4-28所示。

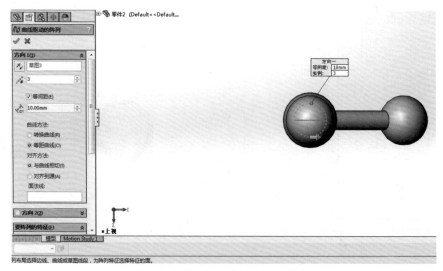

图4-28　甲烷分子曲线驱动阵列

步骤十一：在曲线驱动阵列菜单栏中要阵列的特征选项框内选择曲线阵列1（即步骤七绘制的曲线阵列），单击曲线驱动阵列菜单栏左上角的确认按钮，完成曲线驱动阵列命令，如图4-29所示；最终完成甲烷分子的建模，甲烷分子的效果图如图4-30所示。

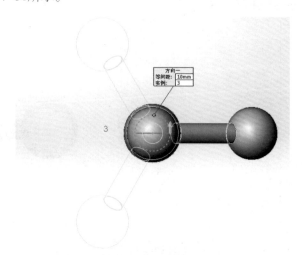

图4-29　甲烷分子曲线驱动阵列特征选择

图4-30 甲烷分子最终效果图

4.3 生物教具——tRNA及密码子的制作

4.3.1 基因指导蛋白质的合成

在高中生物教学中就涉及基因指导蛋白质的合成这一知识点，为了可以更加直观地让学生们理解基因指导蛋白质合成的整个过程，本节将使用建模软件为其中的tRNA和密码子建立模型，并使用3D打印机打印出来，方便在课堂上进行演示，如图4-31、4-32以及4-33所示为基因指导蛋白合成的过程。

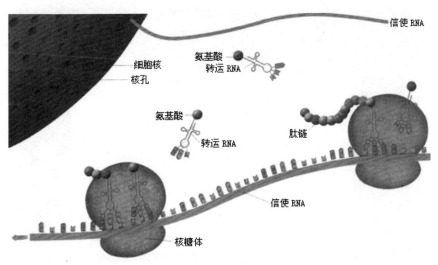

图4-31 基因指导蛋白质的合成

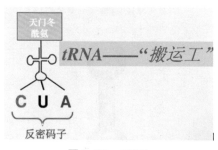

图4-32　tRNA

密码子：信使RNA上决定一个氨基酸的3个相邻的碱基

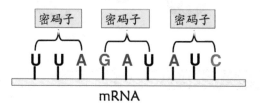

图4-33　mRNA上的密码子

4.3.2　tRNA的绘制

步骤一：启动SolidWorks软件，并新建一个零件，进入零件草图绘制界面，如图4-34和4-35所示。

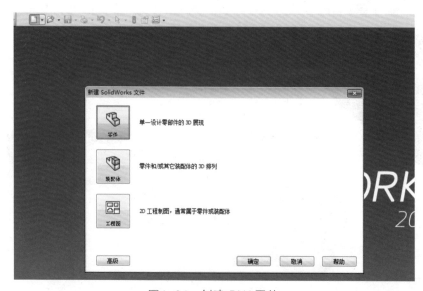

图4-34　创建tRNA零件

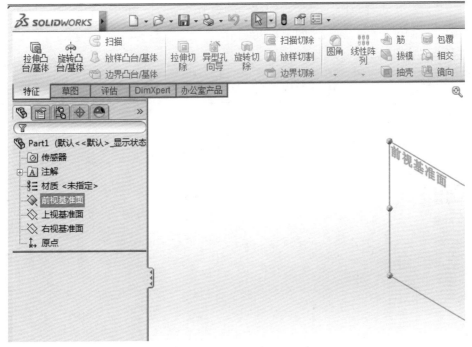

图4-35　进入tRNA草图绘制界面

步骤二：选择前视基准面，在弹出的命令栏中选择"草图绘制"命令，如图4-36所示。

图4-36　tRNA草图绘制命令

步骤三：选择草图工具栏中的"绘制矩形"命令，如图4-37所示；以原点为中心绘制一个任意矩形，如图4-38所示。

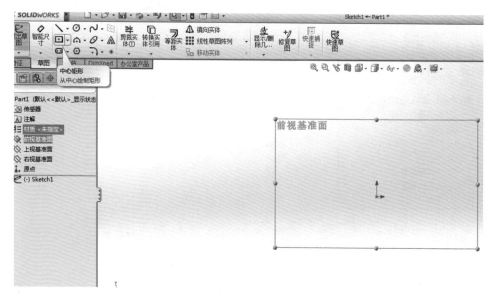

图4-37　tRNA草图绘制矩形工具

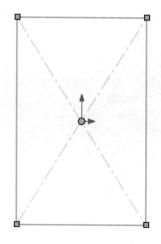

图4-38　tRNA矩形绘制

步骤四：选择菜单栏中的"智能尺寸"命令，为绘制的矩形标注尺寸，长30mm，宽130mm，如图4-39及4-40所示。

图4-39 tRNA草图绘制智能尺寸

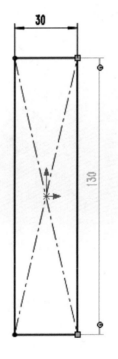

图4-40 tRNA草图标注尺寸

步骤五：选择草图工具栏中的"绘制椭圆"命令，如图4-41所示；在上一步骤绘制的矩形左上方绘制一个任意椭圆，如图4-42所示；在椭圆命令菜单栏中的参数下拉菜单中的远半径输入尺寸25mm，近半径输入尺寸16mm，如图4-43所示，完成椭圆的绘制。

图4-41　tRNA绘制椭圆工具

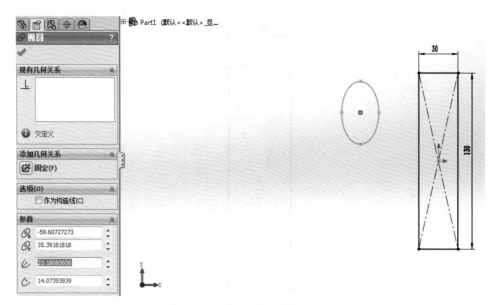

图4-42　tRNA草图绘制椭圆

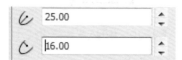

图4-43　tRNA椭圆参数设置

步骤六：左键单击绘制的椭圆，按下键盘上的Ctrl+C，接着再按Ctrl+V，复制出第二个椭圆，如图4-44所示；将复制出来的椭圆拖到长方形的右下方，如图4-45所示。

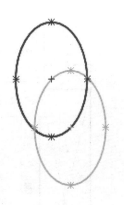

图4-44　tRNA草图复制椭圆

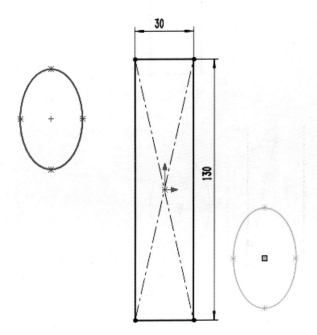

图4-45　tRNA椭圆位置设置

步骤七：接着需要为两个椭圆标注定位尺寸来确定两椭圆的位置，选择草图工具栏中的"智能尺寸"命令，单击椭圆的圆心以及长方形的中心（即原点），将它们之间的距离设定为50mm，如图4-46所示；右边的椭圆也做同样设置，如图4-47所示。

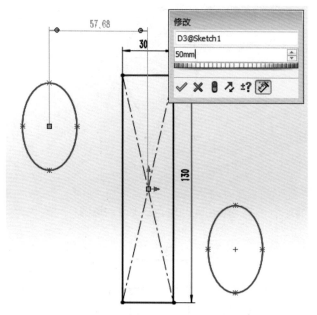

图4-46   tRNA椭圆标注定位尺寸-1

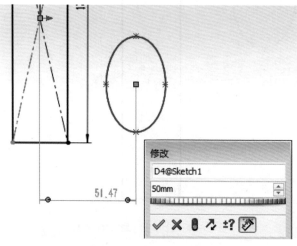

图4-47   tRNA椭圆标注定位尺寸-2

步骤八：选择草图工具栏中的绘制"中心线"命令，如图4-48所示；以长方形的中心（即原点）为基点绘制一条竖直的中心线，如图4-49所示。

图4-48　tRNA草图绘制中心线

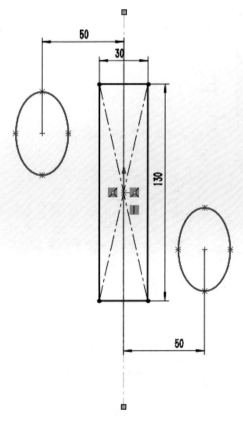

图4-49　tRNA草图中心线

步骤九：选择草图工具栏中的"绘制椭圆"命令，在长方形下方绘制一个任意椭圆，如图4-50所示；在椭圆命令菜单栏中的参数下拉菜单中的远半径输入尺寸40mm，近半径输入尺寸20mm，如图4-51所示，完成椭圆的绘制。

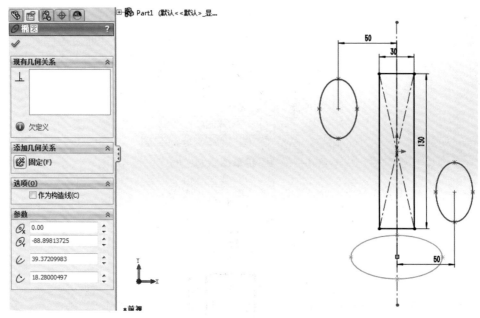

图4-50　tRNA椭圆绘制

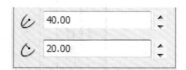

图4-51　tRNA设置椭圆参数

　　步骤十：单击上一步骤绘制的椭圆的圆心，将其上移一定的距离，与矩形的边线有交集，如图4-52所示。

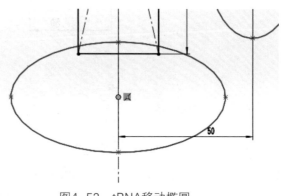

图4-52　tRNA移动椭圆

步骤十一：选择草图工具栏中的"绘制直线"命令，过椭圆圆心绘制一条水平线，如图4-53所示。

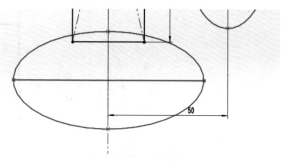

图4-53　tRNA椭圆中绘制直线

步骤十二：选择草图工具栏中的"绘制矩形"命令，在左右两个椭圆旁各画一个小的矩形，在左边的椭圆旁任意画一个矩形贯穿椭圆和中间的长方形，如图4-54所示。

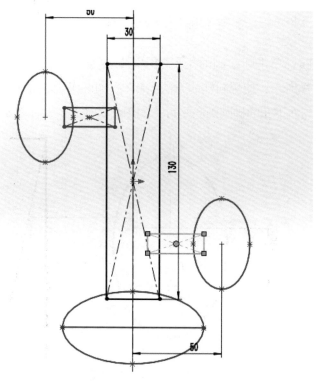

图4-54　tRNA绘制两个小矩形

步骤十三：选择草图工具栏中的"智能尺寸"命令，将绘制的矩形的宽设定为16mm，如图4-55所示。

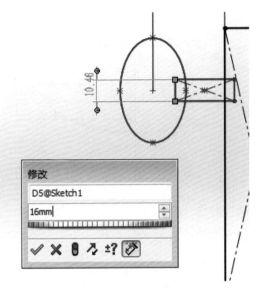

图4-55　tRNA标注矩形尺寸

步骤十四：单击新绘制的矩形的中心，拖动它使其中心与椭圆的圆心平行，如图4-56所示；使用同样的方法绘制右下角的矩形并添加宽度尺寸，移动其中点使其与右下角的椭圆圆心平行，如图4-57所示。

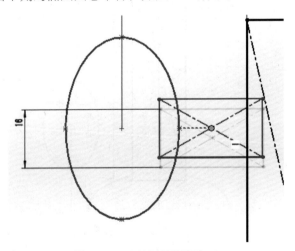

图4-56　tRNA矩形移动-1

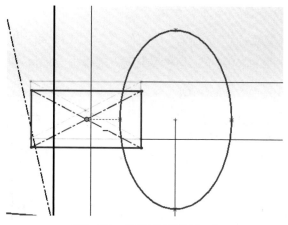

图4-57　tRNA矩形移动-2

　　步骤十五：选择草图工具栏中"剪裁实体"命令，在剪裁实体菜单栏中选择"剪裁到最近端"，把多余的线条去除掉，最后剩下如图4-58所示的草图。

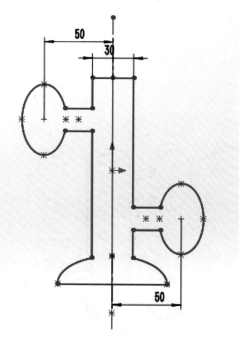

图4-58　tRNA去除多余线条

步骤十六：选择特征工具栏中的"拉伸凸台"命令，在拉伸凸台命令菜单栏中的"方向1"选项框中选择"给定深度"，在拉伸深度输入框中输入拉伸深度10mm，如图4-59所示；拉伸特征完毕后得出如图4-60所示的tRNA最终效果图。

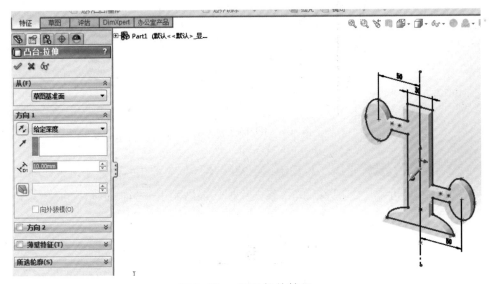

图4-59　tRNA拉伸特征

图4-60　tRNA最终效果图

4.3.3 密码子及反密码子的绘制

步骤一：选择"前视基准面"，在弹出的工具栏中选择"草图绘制"命令，进入草图绘制界面，如图4-61所示，按下Ctrl+8，正视于草图。

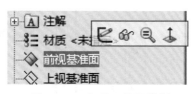

图4-61 密码子草图绘制

步骤二：选择草图工具栏中的"绘制矩形"命令，在tRNA的下方绘制出六个矩形，如图4-62所示。

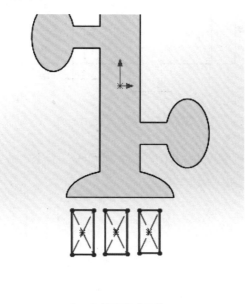

图4-62 密码子矩形

步骤三：选择草图工具栏中的"智能尺寸"命令，把所有的矩形都标注上尺寸，长20mm、宽40mm，并将两个矩形间的间距标注为8mm，上下两个矩形间的距离标注为20mm，如图4-63所示。

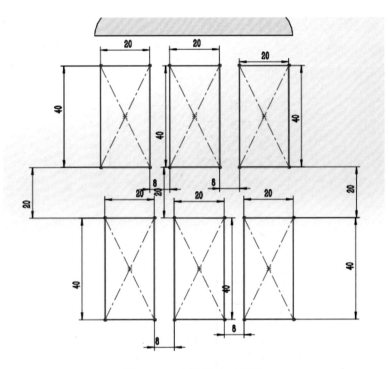

图4-63　密码子尺寸标注

步骤四：选择草图工具栏中的"绘制直线"命令，在前两列绘制出如图4-64所示的直角三角形。

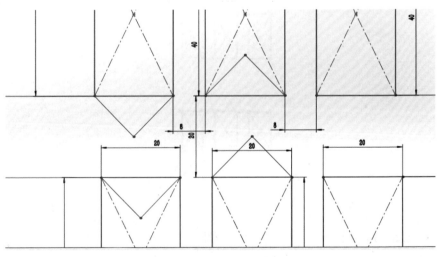

图4-64　密码子草图绘制-1

　　步骤五：选择草图工具栏中绘制"圆弧"命令，选择"三点圆弧"命令在第一行的第三个矩形下绘制圆弧，如图4-65所示；在圆弧菜单栏的参数设置下拉菜单中的角度框中输入90°，如图4-66所示；以同样的方法对第二行第三个矩形绘制圆弧，角度也为90°，如图4-67所示。

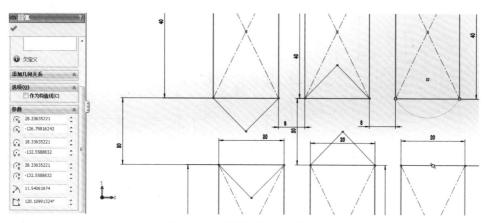

图4-65　密码子草图绘制-2

图4-66　密码子圆弧参数设定

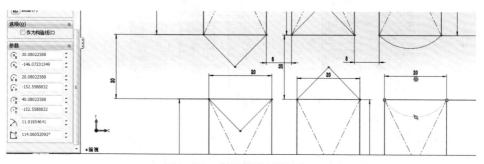

图4-67　密码子草图绘制-3

步骤六：选择草图工具栏中的"剪裁实体"命令，在剪裁实体菜单栏中选择"剪裁到最近端"，根据图4-68把多余的线条剪裁，剪裁后效果如图4-68所示。

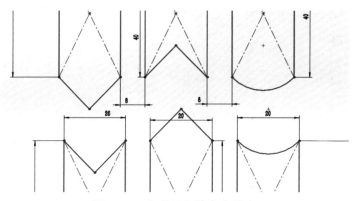

图4-68　密码子去除多余线条

步骤七：选择特征工具栏中的"拉伸凸台"命令，在拉伸凸台命令菜单栏中"方向1"的选项框中选择"给定深度"，拉伸深度框中输入7mm，单击拉伸凸台菜单栏左上角的确认按钮，完成拉伸操作，如图4-69所示；最终拉伸完毕后的效果图如图4-70所示。

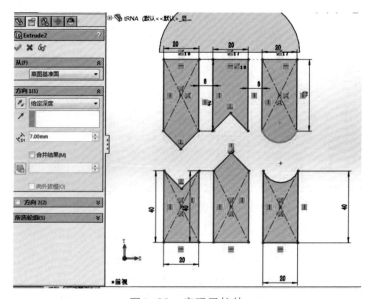

图4-69　密码子拉伸

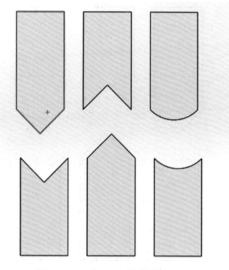

图4-70　密码子拉伸效果图

步骤八：选择第一行第一个密码子的一个面，如图4-71所示的高亮面，单击此面，在弹出的命令菜单栏中选择"草图绘制"命令，进入草图绘制界面。

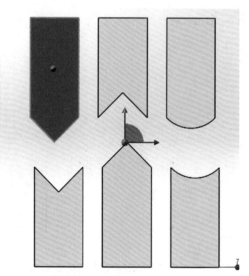

图4-71　选择绘制密码子草图的平面

步骤九：选择草图工具栏中的"绘制中心线"命令，在六个密码子模型的表面各画一条中心线，如图4-72所示。

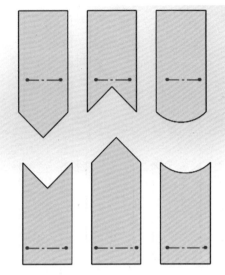

图4-72　密码子文字绘制

步骤十：选择草图工具栏中的"绘制草图文字"命令，进入如图4-73所示的界面。

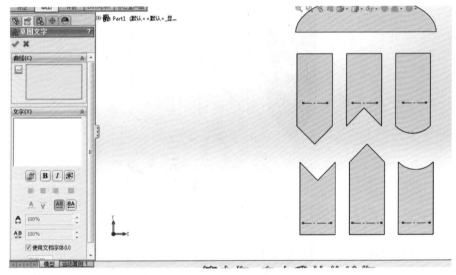

图4-73　密码子绘制草图文字界面

步骤十一：在草图文字命令菜单栏中的曲线下拉菜单中选择第一行第一个矩形上的中心线，如图4-74所示。

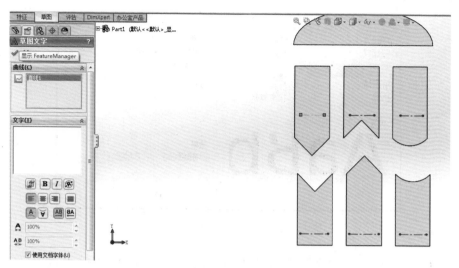

图4-74　密码子草图文字曲线选择

步骤十二：在草图文字菜单栏中的"文字"一栏输入大写字母U，选择加粗并把"使用文档字体"复选框前面的钩去掉，如图4-75所示；接着单击下面的"字体"选项，将字体设定为微软雅黑，将单位（N）设定为18mm，如图4-76所示。

图4-75　密码子草图文字设置

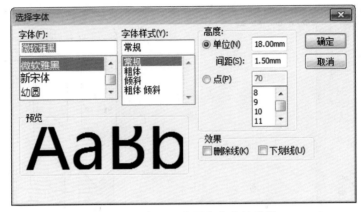

图4-76　密码子草图文字字体参数

步骤十三：退出"绘制草图文字"命令后，得出如图4-77所示的字母U；接着调整中心线的位置，则可调整字体的位置，调整过后的字母U如图4-78所示。

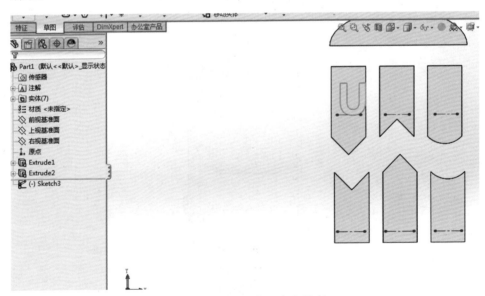

图4-77　密码子草图文字绘制

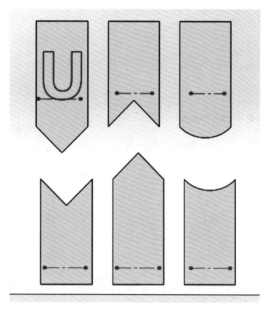

图4-78 密码子草图文字调整

步骤十四：重复步骤六到步骤九的操作，为其他五个图形添加上英文字母，最后得出如图4-79所示的密码子效果图。

图4-79 密码子最终效果图

步骤十五：选择特征工具栏中的"拉伸凸台"命令，在拉伸凸台命令菜单栏中的"方向1"中选择"给定深度"，拉伸深度输入框中输入3mm，如图4-80所示；单击拉伸凸台命令菜单栏左上角的确认按钮，完成拉伸命令操作，得出如图4-81所示的tRNA和密码子的最终效果图，完成模型的所有操作。

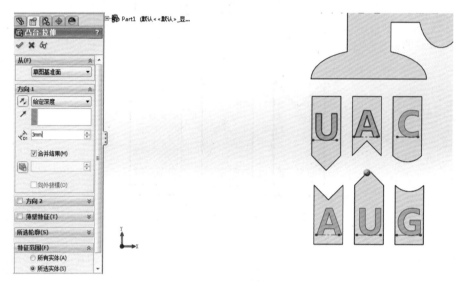

图4-80　密码子草图文字拉伸

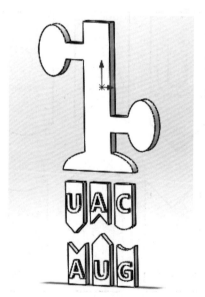

图4-81　tRNA和密码子的最终效果图

4.4 数学教具——圆锥体积公式的推导

4.4.1 教具的简介

圆锥体积公式的推导：圆柱体积是等底等高圆锥体积的3倍，圆锥体积是等底等高圆柱体积的1/3。

前面介绍了圆锥体积公式的推导，那为什么需要使用圆锥教具呢？因为中小学生还没接触微积分，使用实验法能让学生更形象地明白圆锥体积公式的推导。使用3D打印，打印一个圆锥形容器和一个圆柱形容器，要求它们的底和高分别相等，用圆锥装水向圆柱灌水，三次灌满，可见圆锥体积等于同底同高圆柱体积的1/3，即V（圆锥）＝$\pi R^2 h/3$。让学生更生动形象地认识圆锥，这是我们设立本章节的目的所在。

4.4.2 圆柱的绘制

步骤一：启动SolidWorks软件，新建一个零件，进入新建零件界面，单击"前视基准面"并在弹出的命令菜单栏中选择"草图绘制"命令，进入草图绘制界面，如图4-82所示。

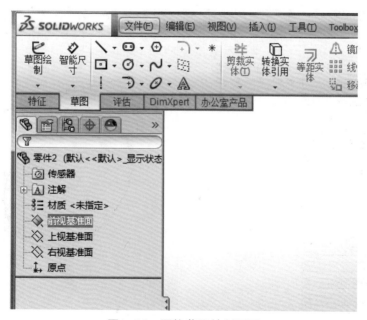

图4-82 圆柱草图绘制界面

步骤二：选择草图工具栏中的"绘制圆"命令，以原点为圆心绘制一个任意圆，选择草图工具栏中的"智能尺寸"命令，给圆标注尺寸，直径为40mm，如图4-83所示。

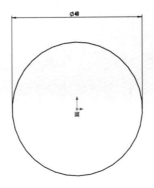

图4-83　圆柱草图绘制

步骤三：选择特征工具栏中的"拉伸凸台"命令，在拉伸凸台命令菜单栏中的"方向1"选项框中选择"给定深度"，在拉伸深度输入框中输入40mm，单击拉伸凸台菜单栏左上角的确认按钮，完成拉伸命令的操作，如图4-84所示。

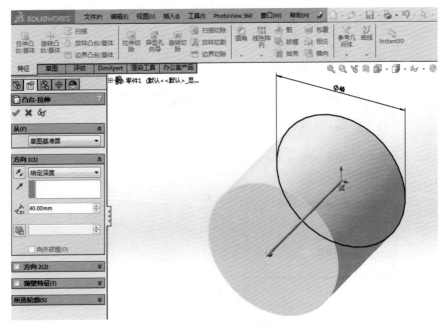

图4-84　圆柱拉伸操作

步骤四：在特征工具栏中选择"抽壳"命令，在弹出的抽壳菜单栏中的参数下拉菜单中输入抽壳厚度为2mm，然后鼠标左键选择圆柱的一个底面，如图4-85所示，单击抽壳命令菜单栏左上角的确认按钮，完成抽壳，得到如图4-86所示的圆柱最终效果图。

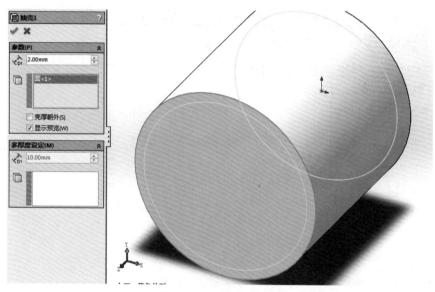

图4-85　圆柱抽壳命令

图4-86　圆柱最终效果图

4.4.3 圆锥的绘制

步骤一：启动SolidWorks软件，新建一个零件，进入新建零件界面，单击"前视基准面"，在弹出的命令栏中选择"草图绘制"命令，进入草图绘制界面，如图4-87所示。

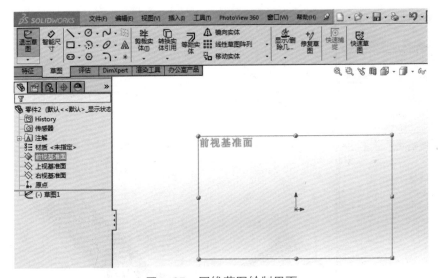

图4-87　圆锥草图绘制界面

步骤二：选择草图工具栏中的"绘制直线"命令，过原点绘制一个直角三角形，两直角边分别是40mm和20mm，如图4-88所示。

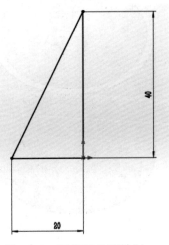

图4-88　圆锥三角形绘制

步骤三：选择特征工具栏中的"旋转实体"命令，在弹出的旋转实体命令菜单栏中的旋转轴选项框中选择长为40mm的直角边，其他参数默认，单击旋转命令菜单栏左上角的确认按钮，完成圆锥的旋转命令操作，如图4-89所示。

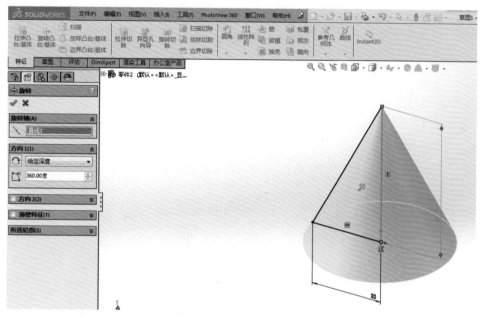

图4-89　圆锥旋转命令操作

步骤四：选择特征工具栏中的"抽壳"命令，在抽壳命令菜单栏中的参数下拉菜单的抽壳厚度框中输入2mm，如图4-90所示。如图4-91所示，单击抽壳命令菜单栏左上角的确认按钮，完成圆锥的抽壳命令，得出如图4-92所示的圆锥最终效果图。

图4-90　圆锥抽壳命令操作-1

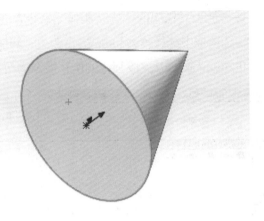

图4-91　圆锥抽壳命令操作-2

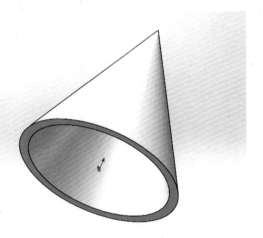

图4-92　圆锥最终效果图

下编

3D打印篇

第5章
3D打印技术概述

5.1　何为3D打印

通过上篇3D建模的学习，读者已经能够初步掌握建模要点，建模之后如何将创建好的模型变为实物，还需要借助3D打印技术实现。本章将详细阐述3D打印技术的应用领域与发展概况，并细致讲解打印设置与流程，帮助读者深入理解3D打印技术，实现准确操作。3D打印技术是依托于信息技术、精密机械以及材料科学等多学科发展起来的尖端技术。其学术名称为快速成型技术（RP：Rapid Prototyping Manufacturing），也叫增材制造技术（AM：Additive Manufacturing），诞生于20世纪80年代。3D打印是以计算机三维设计模型为蓝本，通过软件分层离散和数控成形系统，利用激光束、热熔喷嘴等方式将金属粉末、陶瓷粉末、塑料、细胞组织等特殊材料进行逐层堆积黏结，最终叠加成型，制造出实体产品的技术。

3D打印技术的整个制造过程包括3个主要环节：前端数据获取（3D扫描或建模）、中端数据加工处理（计算机软件辅助）、后端产品打印（3D打印生成）。传统制造过程与之相对应的两种技术是切削和铸塑。相比这两种技术，3D打印技术（增材制造）有明显的优势，那就是既不像切削那样浪费材料，也不像铸塑那样要求先制作模具。一次成型，快速个性化定制是它的重要特点，这在小批量、多品种（个性化）的生产中占有非常大的优势。这种数字化制造

模式不需要复杂的工艺、不需要庞大的机床、不需要众多的人力，直接从计算机图形数据中便可生成任何形状的零件，使生产制造得以向更广的人群范围延伸，而这也是"工业4.0"的重要内涵。

5.2　3D打印技术的应用领域

3D打印技术的应用领域可以是任何行业，只要这些行业需要模型和原型。3D打印机需求量较大的行业包括航天与国防、生物及医疗领域、制造业、高科技以及文化创意等，故目前受3D打印技术影响最大的主要有以下几个领域：

（1）航天与国防

航天与国防技术的发展，很大程度上受限于制造技术，这一点体现在材料上，更明显体现在时间成本上。除了创新目的之外，国防和航空行业亦正将3D技术视为削减成本和提高效率的一种重要手段。随着3D打印机精度越来越高，价格越来越低，经国防和航空行业核算，该技术可节省大量的开发成本。近日，全球最大导弹生产商、美国雷神公司宣布，利用3D打印技术制造了下一代制导武器所需的几乎所有组件，其中包括火箭发动机、导弹尾翼、用于制导和控制系统的部件等。目前飞机机翼的主要制造材料除了超硬铝和高强度结构钢外，就是钛合金。此外，随飞船进入太空的金属原材料一般都是极其稀有和昂贵的材料，比如说钨、铌、铂等高强度且轻盈的金属元素，3D打印技术正在零浪费、高效生产研发方面大显身手。

3D打印技术最突出的优点是无须机械加工或任何模具，就能直接从计算机图形数据中生成任何形状的零件。如果借助3D打印技术及其他信息技术，目前只需三年时间甚至更短时间就能研制出一款新的战斗机。专家数据显示，与传统制造相比，这一技术将使国防领域零件成本缩减至少30%，而制造周期则缩短40%以上。

（2）生物及医疗领域

在各国政府的大力支持下，3D打印技术已经成功应用于各个领域，其中，在医疗领域的应用非常广泛并具有巨大的潜力。目前3D打印在医疗器械领域的应用主要包括：体外医疗器械，如医疗模型、假肢、齿科手术模板等；个性化植入物，如颅骨修复、颈椎人工椎体及人工关节等；常规植入物，如关节柄的表面修饰、种植牙、补片等；加入细胞3D打印人体器官等。近几年各国争相开展生物3D技术打印人体假肢、器官和皮肤组织等的研究。目前在发达国家，3D打印医疗器械已得到广泛应用，如美国现在已有200多万人使用3D打印假肢、3D义齿、3D助听器、3D人工关节等；在欧美发达国家也在不断推广应用。这一技术在我国起步稍晚，但也在快速发展中。未来，在医疗器械研发、生产、应用方面，3D打印技术必将成为业内下大力气探索的核心技术。

在制造细胞、培养支架和植入性医疗器械产品上，3D打印技术亦具有很大的优势。由于每位患者的身高体重、器官大小都不一样，而3D打印可以满足个性化应用，这是该技术最被看好的一个方面。3D生物打印机使用含有活体细胞的"生物墨水"打印出一层层细胞组织架构，然后按照3D数字模型进行叠"喷涂"，逐渐形成立体的细胞组织架构，最终获得所需要的人工器官或组织。国外科学家采用3D生物打印机已经成功制造出能够接收无线电波的仿生耳、眼角膜甚至心脏，并已开始移植进患者身体。在未来某一天，3D打印技术或将能够实现批量制造人工器官，困扰医学发展的器官捐赠匮乏的问题将会得到根本解决。

（3）制造业

传统制造业中，一个产品的面世需要经历开模、打印、验证、修缮，最后才能量产。比如，此前某航空公司发现客舱座位指示牌子出错，想要修改，却被供应商告知需要至少120天的周期；后来，该航空公司决定采用3D打印技术，仅用1个晚上就完成了任务，而且成本也从之前的1000美元降低到30元人民币。当然，这只是3D打印应用的一个经典案例，但却能推而广之。对于制造从业者来说，最大的诱惑莫过于效率的提升，3D打印之于制造业的效率来说，简直可称之为神器。

除了效率的提升之外，制造业也需要兼容消费者日益多元化的需求，而这也是"工业4.0"非常重要的一部分。3D打印不需要模具就能进行零部件制造，产品的单价几乎和批量无关，因此在新产品开发和小批量生产中极具优势，企业可以进行多品种个性化制造，甚至可以提供定制。3D打印技术契合了"工业4.0"制造智能化、资源效率化和产品人性化的理念，因此成为国内外发展的重

点。这场制造技术的革命，对中国的产业升级也至关重要。

（4）建筑领域

放眼建筑业，3D打印呈现了生产方式从人、材、机逐步到材、机的转变，促使直接从事生产的劳动力不断地快速下降，劳动力成本占总成本的比例会越来越小，并促使建筑设计和建造走向无限自由。目前，3D打印技术在建筑领域的应用，主要集中在建筑模型与实体建筑两个方面。在设计与展示环节，建筑模型是非常重要的，它使客户能够看拟议项目可视化的完整版本。但是，传统建筑模型的制作过程，是非常耗费精力的。要准确再现缩小的细节，往往是困难、耗时并且昂贵的。其结果是，很多时候会放弃非常重要的小细节，这样做往往会在区分特殊设计与客户的决策过程中造成负面影响。高细节度对模型用户来说是十分重要的。3D打印毫无疑问可以更好地体现出设计者的意图，并展示出更多微小的细节。

建筑史在很大程度上是设计和建造技术史，技术手段往往决定了建筑的设计表达方式，也决定了建筑的空间形式，进而成为影响建筑观念和建筑美学的重要因素。目前国内外都已出现基于3D打印技术的实体房屋。但在实际建造中，由于建筑相对于其他工业产品面积较大，相对于传统建造技术，3D打印技术的成本更是相对高昂。因此，目前3D打印技术在实体建筑领域的应用门槛关键在于成本和材料提升问题，但相信这一门槛的跨越只是时间问题。正如万科集团创始人王石所说，"3年之后，万科建研中心出现3D打印机在建房子一点儿也不奇怪"。

（5）文化创意

看过电影《十二生肖》的观众或许都还记得电影中的一个场景：成龙双手戴一副白手套掠过兽首，就把兽首像的数据扫描进了电脑。与此同时，他的伙伴通过一台神奇的机器，瞬间就把一模一样的兽首制造出来。虽然多少有些夸张，但其运用的就是当今最热门的三维数字化与3D打印技术。3D打印技术的出现，对文物与艺术品领域无疑是一项非常重大的利好，对文物、艺术品的复制和修复，都会带来前所未有的便利。

而对创意产业而言，业内专家们的看法是无法估量3D打印技术对其产生的重大影响。各大城市突然涌现的立体影楼，经过简单扫描，即可获得3D打印的精致人像，引起了广泛的关注。然而这才仅仅是一个开始，伴随3D打印技术的进一步发展，基于3D打印的创意产业必将全面渗透进我们生活的方方面面，带来更多意想不到的东西。

（6）食品行业

随着3D打印技术的发展，3D食品打印机逐渐走进我们的视线。3D打印应用于食品领域并不是偶然，最根本的原因在于市场的需求。随着未来生活节奏的加快，准备食物的过程将化繁为简，而其中冗杂的做饭步骤将交给机器来完成，这样食品3D打印机应运而生。2014年年初，3D Systems公司曾经与著名巧克力品牌"好时"合作，开发了全新的食物3D打印机，可以支持巧克力、糖果等零食的打印。美国国家航空航天局亦曾授权3D打印厂商Systems&Materials，研发可以打印比萨的3D打印机，以改善宇航员的膳食水平。截至今天，国内外的多家3D打印企业，已经可以实现3D打印巧克力、比萨、糖果、面条、蛋糕，甚至成分相对复杂的中餐食品。

食品是日常生活谁也离不开的重要资源，更是一种能够将个性化定制和持续消费深度结合的应用，无论是特殊节庆、馈赠礼物还是活动开幕，个性定制食物都是传播信息的极好媒介。这种利用高新技术创新和改进传统行业的方式，大大扩展了3D打印的应用市场。未来的3D餐厅，甚至是完全可以自己制作出想吃的东西——甚至可以自己当"3D打印厨师"，在手机应用上选择配料组合，选择口味甚至加工温度，让每一位顾客都变身大厨。或许在不久的将来，很多看起来一模一样的食品就是用食品3D打印机"打印"出来的。当然，到那时可能人工制作的食品会贵很多倍了。

5.3　3D打印流程

5.3.1　3D模型打印的要求

3D打印机对模型有一定的要求，不是所有的3D模型都可以未经处理就能打印。首先STL文件模型要符合打印尺寸，与现实中的尺寸一致；其次是模型的密封要好，不能有开口。至于每一层截面的方向和厚度，可以在软件里设置，也可以在打印机设置界面里设置。打印机一般各有自己的打印程序设置软件，

其原理都是相通的，就像我们在电脑中链接普通打印机设置一样。

5.3.2　转换STL文件

设计软件和打印机之间协作的标准文件格式是STL文件格式，这种类型的文件在软件分析中使用三角面来模拟模拟物体的表面。三角面越小其生成的表面分辨率越高。常用的3D建模软件，如SolidWorks、3ds Max等，一般只需要把零件另存为STL文件格式即可。

5.3.3　启动打印机

3D打印机虽然型号众多，但操作方法和打印原理大致相同。下面给出一些正确的打印规范，希望能够帮助大家顺利实现打印。

启动打印机要遵循以下操作规范：

（1）开温控后，严禁触摸喷头和成形室加热风道。

（2）温控关闭15分钟后，喷头和成形室温度降低到室温后方可触摸喷头和风道。

5.3.4　安装材料盒

安装材料盒（丝材）时，要注意以下规范：

（1）在更换丝材或者更换喷嘴时，首先要对设备进行升温，要把温度升到程序所设定的温度方可进行操作。

（2）更换喷头需要先升温，将材料撤出，然后等待喷头温度降低至室温后断电操作。

5.3.5　开始打印

开始打印后（打印过程）要严格遵循以下操作规范：

（1）模型打印过程中，严禁打开设备门。

（2）模型打印过程中，严禁向设备内伸手。

（3）模型打印过程中，严禁使用控制电脑进行其他工作。

（4）按动键盘时用力适度，不得用力拍打键盘、按钮和显示屏，不能拍丝杆、导轨、电机、喷头等零部件。

（5）打印机通过读取文件中的横截面信息，用液体状、粉状或者片状的材料将这些截面逐层地打印出来，再将各层截面以各种方式粘合起来从而制造一个实体。这种技术的特点在于其几乎可以造出任何形状的物品。

5.3.6 冷却

打印完毕后，我们需要从成形室上将模型取出，取出前应该带上隔热手套，以防止烫伤。模型冷却需要一段时间（根据材料的不同，一般情况下，在5~10分钟后打印模型即可完全冷却）。

5.3.7 去掉底座和支撑

打印机打印3D模型时，材料通过喷头将融化的丝材堆积，堆积的一瞬间模型是软的，需要快速冷却才能够成形。此时就需要有底座和支撑材料作为保护，底座和支撑造型是打印机根据作者摆放的模型角度自动加载的，材料也是打印机设置好的（基本上，3D打印机都会使用不同的材料作为模型材料和支撑材料，以便轻松去除支撑材料）。

5.3.8 精修模型

目前3D打印机的分辨率对于大多数应用来说已经足够（在弯曲的表面可能会比较粗糙，像图像上的锯齿一样），要获得更高分辨率的物品可以通过如下方法：先用当前的三维打印机打印出稍微大一点的物体，再稍微经过表面打磨即可得到表面精度更高和更为光滑的物品。

有些技术可以同时使用多种材料进行打印。有些技术在打印的过程中还会用到支撑物，比如在打印出一些有倒挂状的物体时就需要用到一些易于除去的东西（如可以熔化的东西）作为支撑物。

5.4 3D打印的特点与优势

3D打印技术对于生产者来说，可大幅降低生产成本，提高原材料和能源的使用效率，减少对环境的影响；它还使消费者能根据自己的需求量身定制产品。3D打印机既不需要用纸，也不需要用墨，而是通过电子制图、远程数据传输、激光扫描、材料熔化等一系列技术，使特定金属粉或者记忆材料熔化，并按照电子模型图的指示一层层重新叠加起来，最终把电子模型图变成实物。其优点是大大节省工业样品制作时间，且可以"打印"造型复杂的产品。因此许多专家认为，这种技术代表制造业发展的新趋势。

3D打印无疑将对传统产业带来巨大的变革，其优势主要体现在下面几个

方面：

优势1：制造复杂物品不增加成本。就传统制造而言，物体形状越复杂，一般制造成本就越高。而对3D打印机而言，成本却不受物品形状的影响，制造一个华丽的形状复杂的物品并不比打印一个简单的方块消耗更多的时间或成本。制造复杂物品而不增加成本将打破传统的定价模式，并彻底改变我们计算制造成本的方式。今后产品的成本将由单纯的材料和体积作为固定成本，而如开模、精磨等成本也许在未来不会存在。

优势2：无须组装。3D打印能使部件一体化成型。传统的大规模生产建立在组装线基础上，在现代工厂，机器生产出相同的零部件，然后由机器人或工人（甚至跨洲）组装。产品组成部件越多，组装耗费的时间和成本就越多。3D打印机通过分层制造可以同时打印一扇门及上面的配套铰链，不需要组装。省略组装就缩短了供应链，节省了在劳动力和运输方面的花费。供应链越短，污染相应也越少。

优势3：零时间交付。3D打印机可以实现按需打印，企业可以根据客户订单使用3D打印机制造出特别的或定制的产品满足客户需求，实现实物库存的减少，所以新的商业模式将成为可能。如果人们所需的物品按需就近生产，零时间交付式生产能最大限度地减少长途运输的成本。

优势4：设计空间无限。传统制造技术和工匠制造的产品形状有限，制造形状的能力受制于所使用的工具。例如，传统的木制车床只能制造圆形物品，轧机只能加工用铣刀组装的部件，制模机仅能制造模铸形状。3D打印机可以突破这些局限，开辟巨大的设计空间，甚至可以制作目前可能只存在于自然界的形状。

优势5：零技能制造。旧时代传统工匠需要当几年学徒才能掌握所需要的生产技能。批量生产和计算机控制的制造机器虽然降低了对操作者技能的要求，然而传统的制造机器仍然需要熟练的专业人员进行机器调整和校准。3D打印机从设计文件里获得各种指示，做同样复杂的物品，3D打印机所需要的操作技能比注塑机少得多。零技能制造开辟了新的商业模式，并能在远程环境或极端情况下为人们提供新的生产方式。

优势6：材料无限组合。对当今的制造机器而言，将不同原材料结合成单一产品是件难事，因为传统的制造机器在切割或模具成形过程中不能轻易地将多种原材料融合在一起。随着多材料3D打印技术的发展，我们有能力将不同原材料融合在一起。大量以前无法混合的原料混合后将形成新的材料，这些材料色调种类繁多，往往具有独特的属性或功能。

优势7：精确的实体复制。数字音乐文件可以被无休止地复制，音频质量并不会下降。未来，3D打印将数字精度扩展到实体世界。扫描技术和3D打印技术将共同提高实体世界和数字世界之间形态转换的分辨率，我们可以轻易实现扫描、编辑和复制实体对象，创建精确的副本或优化原件。

5.5　全球3D打印发展情况

3D打印技术兴起于美国20世纪80年代。在传统制造业里，复杂结构制造难度高、开模费用大、制造时间长等，让人们想要一种快速成型的方法，经过不断设计研究，慢慢催生了3D打印技术。目前美国和欧洲在3D打印技术的研发及推广应用方面处于领先地位。美国是全球3D打印技术和应用的领导者，欧洲亦十分重视对3D打印技术的研发应用。经过20多年的发展，这个产业中，美国、以色列、德国领跑全球，日本、中国、澳大利亚等国家跟随其后。美国消费者电子协会最新发布的年度报告显示，随着汽车、航空航天、工业和医疗保健等领域市场需求的增加，3D打印服务的社会需求量将逐年增长，有望从2011年的17亿美元增长至2017年的50亿美元。

3D打印在中国还处于初级阶段，从整个产业角度来看，由于缺少龙头企业的带动作用，政府暂时缺少针对性的扶植措施，整体产业体量还较小；另一方面中国制造业还处于粗放的转型时期，各个领域对3D打印技术带来的冲击有了一定程度的认识，但与美欧强国相比实际应用还是不够广泛与深入。虽然3D打印应用已涵盖汽车、航天航空、日常消费品、医疗、教育、建筑设计、玩具等众多领域，但由于打印材料的局限性，目前3D打印技术的优势主要是缩短设计阶段的时间，以及个性定制领域。从发展情况来看，3D打印目前并没有实现成熟的产业化。但是，各个领域从业者都非常认可3D打印技术可能带来的改变，这些改变将如何影响现有生产、经济、社会模式是非常值得关注的问题。

第6章
3D打印技术类型及
主流3D打印机简介

6.1　3D打印技术类型

　　3D打印技术实际上是一系列快速原型成型技术的统称，其基本原理都是叠层制造，由快速原型机在X-Y平面内通过扫描形式形成工件的截面形状，而在Z坐标间断地作层面厚度的位移，最终形成三维制件。3D打印的技术工艺包含多个种类，目前市场上主要的快速成型技术包括熔融沉积打印技术（FDM）、光固化打印技术（SLA）、选择性激光烧结打印技术（SLS）、粉末黏合打印技术（3DP）、分层实体制造技术（LOM）、直接金属激光烧结技术（DMLS）等。本章将详细介绍以上几种较为常见的3D打印技术类型。

6.1.1　熔融沉积打印技术（FDM）

　　熔融沉积打印技术（FDM）是将丝状的热熔性材料加热融化，同时三维喷头在计算机的控制下，根据截面轮廓信息，将材料选择性地涂敷在工作台上，冷却后形成模型。如图6-1所示，技术原理主要表述为：PLA等热熔材料通过挤出机被送进可移动加热喷头，在喷头内被加热熔化，喷头根据计算机系统的控制，让喷头沿着零件截面轮廓和填充轨迹运动，同时将半熔融状态的材料按软件分层数据控制的路径挤出并沉积在可移动平台上凝固成形，并与周围的材料黏结，层层堆积成型。

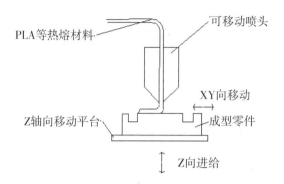

图6-1　FDM成型技术示意图

此技术主要优点在于：可使用绿色无毒材料作为原料，如PLA材料等；另外成型速度快，可进行复杂内腔的制造；PLA等材料热变化不明显，零件翘曲现象不明显；成本也较低。因而此技术是如今使用最为广泛的。

但其主要缺陷也较为明显，如成型件表面会出现阶梯效应，表面精度较低，需要后期处理，复杂零件更需要打印支撑。

6.1.2　光固化打印技术（SLA）

光固化打印技术（SLA）是采用紫外光在液态光敏树脂表面进行扫描，每次生成一定厚度的薄层，从底部逐层生成物体。如图6-2所示，其技术原理主要表述为：激光器通过扫描系统照射光敏树脂，当一层树脂固化完毕后，可移动平台下移一层的距离，刮板将树脂液面刮平，然后再进行下一层的激光扫描固化，循环往复最终得到成形的产品。

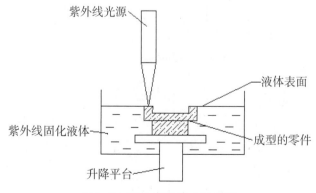

图6-2　SLA成型技术示意图

此技术主要的优点在于其具有打印快速性、高度柔性、精度高和材料利用率高、耗能少等特点。例如其快速性的特点，从CAD出图到零件的成型只需要几个小时到几十个小时，加工周期较短；又如其精度高的特点，以这种技术制造的零件可以具有非常精密的特征，即便是多种的薄壁特征结构，其表面质量都是非常好的。

此技术的主要缺点是在设计零件时需要设计支撑结构才能确保成型过程中制作的每一个结构部位都坚固可靠；此技术成本也较高，可使用的材料选择较少，目前可用的材料主要是光敏液态树脂，强度也较低，另外此种材料具有刺激气味和轻微毒性，需避光保存，防止其发生聚光反应。

6.1.3 选择性激光烧结打印技术（SLS）

选择性激光烧结打印技术（SLS）是采用高功率的激光，把粉末加热烧结在一起形成零件。如图6-3所示，技术原理主要表述为：应用此技术进行打印时，首先铺一层粉末材料，将材料预热到接近熔点，再使用激光在该层截面上扫描，使粉末温度升至熔点，然后烧结形成黏结，接着不断重复铺粉、烧结的过程，直至整个模型成型。

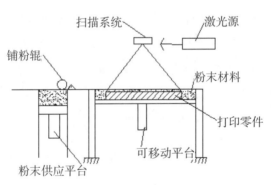

图6-3　SLS成型技术示意图

此技术主要优点在于其可以使用的材料非常多样化，如石蜡、尼龙、陶瓷甚至金属等材料都可用于选择性激光烧结打印技术的打印机。打印时无须支撑，打印的零件机械性能好、强度高、成型时间短，主要的优势还是在于其金属成品的制造。

此技术同样存在缺陷，主要缺陷是粉末烧结的零件表面粗糙，需要后期的处理；生产过程中需要大功率激光器，本身机器成本较高，技术难度大，普通用户无法承受其高昂的费用支出，多用于高端的制造领域。

6.1.4　粉末黏合打印技术（3DP）

粉末黏合打印技术（3DP），3DP全称Three Dimensional Printing（三维打印）。因为这种技术和平面打印非常相似，连打印头都是直接用平面打印机的，是实现全彩打印的最好打印技术，主要使用石膏粉末、陶瓷粉末、塑料粉末等作为原材料。如图6-4所示，技术原理主要表述为：在平台上先铺一层粉末，然后使用喷嘴将黏合剂喷在需要成型的区域，让材料粉末黏结形成一层截面，然后不断重复铺粉、喷涂、黏结的过程，层层叠加，最终形成整个模型。

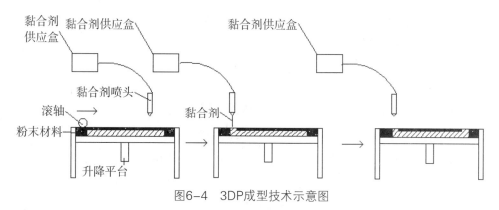

图6-4　3DP成型技术示意图

此技术主要优点在于其成型速度快、打印过程无须支撑结构，并且能打印全彩色产品，这是其他技术难以实现的一大优势。

但其主要的缺陷也较为明显，如粉末黏结的直接成品强度不高；表面光洁度较低，精细度也处于劣势。因其技术复杂，成本高，故而此技术的应用推广受到一定的制约。

6.1.5　分层实体制造技术（LOM）

分层实体制造技术（LOM）又叫叠层实体制造，其工艺原理是根据零件分层几何信息切割箔材和纸等，将所获得的层片黏结成三维实体。如图6-5所示，技术原理主要表述为：首先铺上一层箔材，然后用二氧化碳激光器在计算机控制下切出本层轮廓，非零件部分全部切碎以便于去除。当本层完成后，再铺上一层箔材，用滚子碾压并加热，以固化黏结剂，使新铺上的一层牢固地黏

结在已成型体上，再切割该层的轮廓，如此反复直到加工完毕，最后去除切碎部分以得到完整的零件。

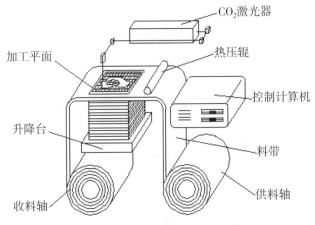

图6-5　LOM成型技术示意图

此成型技术主要优点在于成型速度较快。由于只需要使用激光束沿物体的轮廓进行切割，无须扫描整个断面，所以成型速度很快，因而常用于加工内部结构简单的大型零件；原型精度高，翘曲变形小；原型能承受高达200摄氏度的温度，有较高的硬度和较好的力学性能等。

而其主要缺陷则在于不能直接制作塑料原型；原型易吸湿膨胀，因此，成型后应尽快进行表面防潮处理；原型表面有台阶纹理，难以构建形状精细、多曲面的零件，因此一般成型后需进行表面打磨。

6.1.6　直接金属激光烧结技术（DMLS）

直接金属激光烧结技术（DMLS）是一种全新的技术，属于一种金属表面改良性技术，即直接在金属表面烧结、激光熔覆，所谓表面烧结和激光熔覆就是在本身存在的模型表面上再进行额外材料的增添覆盖，以达到塑造物体模型的目的。在制造复杂组件方面此技术模式具有更多的优势。如图6-6所示，其技术原理主要表述为：通过在现有模型表面添加熔覆材料，并利用高能密度的激光束使之与模型表面薄层一起熔凝的方法，在模型表面形成冶金结合的添料熔覆层。

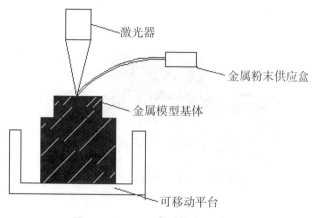

图6-6　DMLS成型技术示意图

此技术主要优点在于激光熔覆层与基体为冶金结合，结合强度不低于原模型材料的95％；材料范围广泛，如镍基、钴基、铁基合金、碳化物复合材料等，可满足工件不同用途要求，兼顾内部性能与表面特性；对损坏零部件，可实现高质量、快速修复，减少因故障停机时间，降低设备维护成本等。

此技术的主要缺点是必须以其他模型作为基体进行加工，一定程度上限制了设计的多样性，且技术较为复杂，成本也高，可使用的材料较少。

6.2　3D打印的材料选择

3D打印是通过软件分层离散和数控成形系统，利用激光束、热熔喷嘴等方式将树脂、金属粉末、石膏粉末、尼龙、工业塑料、陶瓷粉末等特殊材料进行逐层堆积黏结，最终叠加成型，制造出实体产品。这节我们主要介绍几种常用的材料。

6.2.1　PLA材料

聚乳酸（PLA）是一种新型的生物降解材料，使用可再生的植物资源（如玉米）所提取出的淀粉原料制成。机械性能及物理性能良好，也拥有较好的光泽度和透明度，和利用聚苯乙烯所制的薄膜相当，是其他生物可降解产品无法提供的。PLA材料具有最良好的抗拉强度及延展度，适用于吹塑、热塑等各种加工方法，在3D打印方面也具备良好的机械性能和绿色环保，价格适中，因此

是当前FDM打印机应用最为广泛的材料。如图6-7所示为PLA的丝状材料。

图6-7　PLA材料

主要应用领域：

- 骨科固定和组织修复材料
- 餐具等无毒模型
- 实验性模型的制造

6.2.2　工程塑料

工程塑料是指被用作工业零件或外壳材料的工业用塑料，是强度、耐冲击性、耐热性、硬度及抗老化性均优的塑料。工程塑料是指在工程中做结构材料的塑料，这类塑料一般具有较高机械强度，或具备耐高温、耐腐蚀、耐磨性等良好性能，因而可代替金属做某些机械零件。热塑性工程塑料按性能和应用也分很多种，如PC材料、ABS塑料、PC-ISO材料等。如图6-8所示为ABS材料打印的模型。

图6-8　ABS材料模型

主要应用领域：

- 消费品行业
- 汽车、家电行业
- 玩具模型
- 强度较大的结构件等

6.2.3　金属粉末

金属粉末是指尺寸小于1mm的金属颗粒群。包括单一金属粉末、合金粉末以及具有金属性质的某些难熔化合物粉末，是粉末冶金的主要原材料，也是3D打印行业的工业级材料。金属粉末材料包括多种金属，如铝、不锈钢、铜或者各种金属粉末混合形成的合金粉末等都是常用的金属粉末。金属粉末材料结合3D打印技术可制造出各种复杂零件，且其机械性能优良，具有强度高、硬度大的特点。如图6-9所示为几种常见的金属粉末。

图6-9　金属粉末

主要应用领域：

- 强度、硬度要求较高的产品
- 复杂构件的制造

6.2.4　尼龙

尼龙材料外观是一种白色的粉末。比起普通塑料，其拉伸强度、弯曲强度有所增强，热变形温度以及材料的模量有所提高，材料的收缩率减小。另外可以结合SLS工艺，制作出色泽稳定、抗氧化性好、尺寸稳定性好和易于加工的塑料件。但材料表面较粗糙，冲击强度较低。如图6-10所示为使用尼龙打印的面具。

图6-10　使用尼龙打印的面具

主要应用领域：

- 机械性能和韧性要求高的产品
- 零部件制造或利用黏结剂制造的大型件
- 复杂件与塑料模型

6.2.5　树脂

即UV树脂，又称光敏树脂，是一种受光线照射后，能在较短的时间内迅速发生物理和化学变化，进而交联固化的低聚物。在结构上低聚物必须具有光固化基团，如各类不饱和双键或环氧基等，属于感光性树脂。主要优点在于固化速度快、生产效率高、能量利用率高。一般情况下为液态，用于制作高强度、耐高温、防水等的材料。如图6-11所示为透明树脂打印的模型。

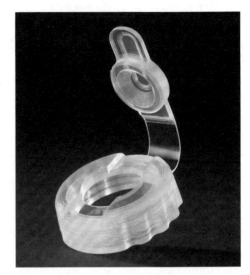

图6-11　树脂打印模型

主要应用领域：

· 要求优质表面的高分辨率部件

· 后处理，包括喷漆、黏合或者金属喷镀等流程

· 管道和家用电器等

6.2.6　石膏

石膏粉末材料是一种优质复合材料，颗粒均匀细腻，打印后的模型可进行抛光、钻孔、攻螺纹和上色等后处理。使用彩色打印机可进行全彩打印模型，可应用于各种玩具模型领域。

材料本身基于石膏的，易碎，坚固，色彩清晰，感觉起来很像岩石，可以按照客户需要使用不同的浸润方法，如低熔点蜡、Zbond 101、ZMax 90（强度依次递减）。请注意石膏3D打印模型易碎，需小心保管模型。基于在粉末介质上逐层打印的成型原理，3D打印成品在处理完毕后，表面可能出现细微的颗粒效果，在曲面表面可能出现细微的年轮状纹理。如图6-12所示为使用石膏材料打印的艺术

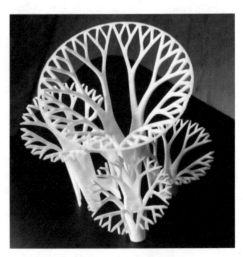

图6-12　石膏模型

模型。

主要应用领域：

- 全彩色模型打印
- 概念模型
- 艺术品、玩具、动漫等

6.3　主流3D打印机简介

目前全球制造3D打印机的企业、科研机构超过数百家，再加上五花八门的3D打印技术和数量众多的3D打印爱好者，制造出来的3D打印机数量众多，难以计算。本节将着重介绍基于常见的几种成型技术的主流3D打印机，以便读者能深入地了解各种成型技术的实际应用。

6.3.1　基于FDM成型技术的3D打印机

目前市面上大多数的3D打印机都是基于开源的FDM技术进行制造生产的，FDM技术长期占据着桌面级3D打印机市场的主导地位，随着技术的更新换代和制造成本的下降，基于此技术的3D打印机将会逐渐进入平常家庭。FDM成型技术能得到快速发展主要是因为此技术复杂性较低，价格也较为低廉，且是开源软件，一般发展中的公司都能完成基于FDM成型技术3D打印机的生产制造。

目前基于FDM成型技术的桌面级3D打印机主要是以ABS和PLA为材料。ABS材料强度较高，但是有轻微毒性，制作时有异味，必须拥有良好通风环境，材料热收缩性较大，难以制造高精度作品；而PLA材料则是一种生物可分解塑料，无毒性，环保，制作时几乎无味，成品形变也较小，所以目前国内外主流桌面级3D打印机均已转为使用PLA作为材料。如图6-13所示为一款基于FDM成型技术的国产3D打印机。

图6-13　基于FDM成型技术的3D打印机

基于FDM成型技术的3D打印机的
优势在于制造简单，成本低廉；主要
以ABS和PLA为打印材料，这两种材
料成本低，材料利用率高；操作环境
干净、安全，对使用环境要求不高；
能大大缩短新产品研制周期，确保新
产品上市时间。因此主要应用在产品
的前期开发、模具制造及结构件的小
批量生产。如图6-14所示为基于FDM
成型技术打印的模型。

图6-14　基于FDM成型技术打印的模型

但是基于FDM成型技术的桌面级3D打印机，由于出料结构简单，难以精确
控制出料形态与成型效果，同时温度对于FDM成型效果影响非常大，而桌面级
FDM 3D打印机通常都缺乏恒温设备，因此基于FDM成型技术的桌面级3D打印
机的成品精度通常为0.2～0.3mm，少数高端机型能够支持0.1mm层厚，但是受
温度影响非常大，成品效果依然不够稳定。此外，大部分FDM机型制作的产品
边缘都有分层沉积产生的"台阶效应"，较难达到所见即所得的3D打印效果，
所以在对精度要求较高的快速成型领域较少采用FDM。

6.3.2　基于SLA成型技术的3D打印机

光固化技术（SLA）是最早发展起来的快速成型技术，也是目前研究最
深入、技术最成熟、应用最广泛的快速成型技术之一。光固化技术（SLA）使
用特定波长与强度的激光聚焦到光固化材料表面，使之由点到线，由线到面
顺序凝固，完成一个层面的绘图作业，然后升降台在垂直方向移动一个层片
的高度，再固化另一个层面，这样层层叠加构成一个三维实体。光固化技术
（SLA）成型法的发展趋势是高速化、节能环保与微型化，不断提高的加工精
度使之有最先可能在生物、医药、微电子等领域大有作为。因此近几年来国内
很多的科研机构纷纷加入了光固化成型技术开发的阵营，国内的一些公司也不
断推出基于光固化成型技术（SLA）的3D打印机。如图6-15所示为国内一家公
司生产的基于光固化成型技术（SLA）的3D打印机。

SLA成型技术在其不断发展、精进的过程中，呈现了和其他成型技术相比

的优势。第一，使用CAD数字模型技术，在一定程度上降低错误修复的成本。第二，SLA成型技术是最早出现的快速成型制造工艺，相比其他快速成型工艺较为成熟，精度高、外观好。第三，可加工结构外形复杂或使用传统手段难于成型的原型和模具。因此，目前SLA成型技术在专业领域应用比较广泛，如电子元件、牙科零件、珠宝首饰等产品或模具的制作等，如图6-16所示为基于光固化成型技术打印出来的模型。如今桌面级的SLA3D打印机目前来说还算比较少，不过随着技术的日臻成熟，相信基于SLA成型技术的桌面级3D打印机很快将会进入千千万万的家庭中。

图6-15　基于SLA技术的3D打印机

光固化快速成型技术可以说得上是目前3D打印技术中精度最高，表面也最光滑的，objet系列最低材料层厚可以达到16微米（0.016毫米）。但是

图6-16　基于SLA成型技术打印的模型

光固化快速成型技术也有两个不足，首先，光敏树脂原料有一定毒性，操作人员使用时需要注意防护。其次，光固化成型的成品在外观方面非常好，但是强度方面尚不能与真正的制成品相比，一般主要用于原型设计验证方面，然后通过一系列后续处理工序将光固化成型的成品转化为工业级产品。此外，SLA技术的设备成本、维护成本和材料成本都远远高于FDM，因此，这也是为什么基于光固化技术的3D打印机主要还是应用在专业领域的重要原因。

6.3.3　基于SLS成型技术的3D打印机

选择性激光烧结（SLS）是采用激光有选择地分层烧结固体粉末，并使烧结成型的固化层叠加生成所需形状的零件。其整个工艺过程包括CAD模型的建立

及数据处理、铺粉、烧结以及后处理等。由于此技术较为复杂，成本高昂，因此并不适合于大众家庭，但是因这种成型技术能够制作金属、陶瓷等特殊材质作品，所以在工业制造领域应用非常广泛。如图6-17所示为德国生产的一款基于SLS成型技术的3D打印机，此款3D打印机可成型钛合金、铝合金、不锈钢等多种金属粉末，已经成为航天航空、模具制造以及医疗等行业的低碳先进快速制造的主流设备。

选择性激光烧结技术（SLS）可以使用非常多的粉末材料，并制成相应材质的成品。激光烧结的成品精度好、强度高，但是最主要的优势还是在于金属成品的制作。激光烧结可以直接烧结金属零件，也可以间接烧结金属零件，最终成品的强度远远优于其他材料的3D打印成品。主要应用在如直接制作快速模具、复杂金属零件的快速无模具铸造及内燃机进气管模型等工业级别的领域，如图6-18为基于SLS成型技术打印的成品效果图。

图6-17　基于SLS成型技术的3D打印机　　图6-18　基于SLS打印技术打印的戒指

激光烧结技术（SLS）虽然优势非常明显，但是也存在缺陷，首先，粉末烧结的成品表面粗糙，需要后期处理。其次，使用大功率激光器，除了本身的设备成本，还需要很多辅助保护工艺，整体技术难度较大，制造和维护成本非常高，普通用户无法承受，所以目前应用范围主要集中在高端制造领域。而目前尚未有桌面级SLS 3D打印机面世的消息，要进入普通民用领域，可能还需要一段时间。

6.3.4 基于3DP成型技术的3D打印机

3DP技术由美国麻省理工学院成功开发。原料使用粉末材料，如陶瓷粉末、金属粉末、塑料粉末等。3DP技术工作原理是，先铺一层粉末，然后使用喷嘴将黏合剂喷在需要成型的区域，让材料粉末黏结，形成零件截面，然后不断重复铺粉、喷涂、黏结的过程，层层叠加，最终获得打印出来的零件。过去其常在模具制造、工

图6-19 基于3DP成型技术的3D打印机

业设计等领域被用于制造模型，现正逐渐用于一些产品的直接制造。特别是一些高价值应用（比如髋关节或牙齿，或一些飞机零部件），已经有使用这种技术打印而成的零部件。"三维打印"意味着这项技术的普及。如图6-19所示为基于3DP成型技术的3D打印机。

3DP技术的优势在于成型速度快、无须支撑结构，而且能够输出彩色打印产品，这是目前其他成型技术都比较难以实现的。另外其剩余材料可以重新利用，绿色环保。支持各种不同的打印材料，能够实现具有复杂内腔模型的打印制造。主要应用于全彩模型的展示、大型零部件的制造等，如图6-20所示为基于3DP成型技术打印的全彩模型。

但是3DP技术也有不足，首先，粉末黏结的直接成品强度并不高，只能作为测试原型。其次，由于粉末黏结的工作原理，成品表面不如SLS光洁，精细度也有劣势，所以一般为了生产拥有足够强度的产品，还需要一系列的后续处理工序。此外，由于制造相关材料粉末的技术比较复杂，成本较高，所以目前3DP技术主要应用在专业领域，想要用上基于3DP打印技术的打印机看来还需要等待一段时间。

图6-20 基于3DP技术打印的全彩模型

第7章
FDM技术3D打印机的
使用与维护

7.1　3D打印机的组成及打印步骤

7.1.1　3D打印机基本组成

　　本章节将以一款基于FDM打印技术的国产3D打印机为例，对这一类型3D打印机的使用方式进行详细的讲解。此款3D打印机采用熔融沉积快速成型技术（FDM），在材料的使用方面也是较为广泛的，ABS、PLA等热塑性材料都可作为此类3D打印机的材料使用。本章介绍的这款打印机可打印大小不超过225mm×145mm×150mm的模型，打印精度达到0.1～0.4mm。

　　此款3D打印机的主要组成部分及背面外形如图7-1和图7-2所示。

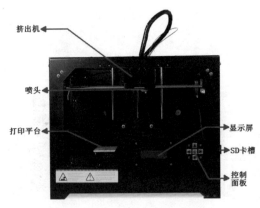

图7-1　3D打印机正面图　　　　　图7-2　3D打印机背面图

如图7-1所示，3D打印机主要由以下几个重要部分构成：

（1）喷头：是基于FDM技术3D打印机的一个极其重要组成部分，被熔化的材料需要经过此喷头挤出，再根据模型的截面信息在打印平台上直接打印出实物，因此喷头的参数决定着模型的打印精度。

（2）挤出机：通过电机的转动把打印材料缓慢地送入喷头加热，同时通过控制电机的转动将打印材料送进或者送出喷头。

（3）打印平台：起到支撑及承载打印物体的作用，打印的3D模型将会在打印平台上成型。打印平台一般情况下需要进行加热来减少模型因材料的翘曲而产生的翘边问题，根据打印材料的不同，打印平台的温度也不同，因此在实际使用中应充分了解材料的性能，以便能更好地设置打印平台温度。

（4）XYZ轴：基于FDM技术的3D打印机都是通过电机带动XYZ面上的轴来实现三维模型的打印的。XY轴为水平运动轴，采用电机驱动同步皮带传动方式，喷头安装在XY轴上，通过XY轴的水平运动，从而实现喷头在水平方向的前后、左右运动。Z轴为垂直运动上的装置，采用丝杆传动方式，打印平台安装在Z轴上，通过电机控制Z轴的垂直运动，从而实现打印平台在垂直方向的上下运动。

（5）控制面板、显示屏：这是3D打印机的人机交互部件，可通过操作控制面板，对打印机进行相关的打印设置及打印操作，同时通过显示屏输出相对应的操作信息。

（6）SD卡槽：这种3D打印机一般情况下都是使用脱机打印这种打印方式。当采用脱机打印方式时，需要将打印模型的G代码保存在SD卡上，然后将SD卡插到3D打印机的SD卡槽，再进行相关打印操作。

（7）打印材料：主要有ABS、PLA这两种，ABS材料是一种树脂材料，价格便宜，熔点在215～240℃之间；PLA材料是一种新型生物可降解环保材料，熔点在180～210℃，如今基于FDM技术的3D打印机一般都在使用环保无毒的PLA材料。

7.1.2　3D打印机操作主要步骤

相信读者通过前面章节的学习，已经对FDM快速成型技术的基本原理有所了解，如何使用3D打印机成为接下来主要学习的对象。基于FDM快速成型技术

的3D打印机，其使用主要包括以下几个步骤：

（1）三维模型的建模：如今可以绘制三维模型的软件和应用非常多，比较常用的包括SolidWorks、AutoCAD、Pro/E、UG和3ds Max等应用软件；通过学习使用这些三维建模软件可以对各种各样的模型进行建模，模型绘制完成后把模型保存为STL文件格式（3D打印软件使用最广泛的就是STL文件格式）即可。当然，亦可通过3D扫描仪，直接扫描生成模型。

（2）三维模型的切片：能对三维模型进行切片的软件也是各式各样的，例如Cura、replicatorG、Repetier-Host、MakeWare和MakerBot desktop等都是较为常见的一些切片软件，但它们的原理都是一样的，都是通过对模型的分层切割生成G代码来控制打印机进行打印机操作。切片软件对STL格式的模型文件进行切片、参数设置等预处理，完成后再生成3D打印机可执行的Gcode代码。

（3）实现3D打印：把模型的Gcode代码保存至SD卡中，插到3D打印机的SD卡槽，选择需要打印的文件，3D打印机便会控制系统执行Gcode代码，直至完成模型的打印。

7.2　3D打印软件的安装与使用

7.2.1　3D打印软件安装

因本章介绍的FDM打印机基于MakerBot desktop软件开发，因此本节将介绍MakerBot desktop的常规安装方法，安装步骤如下：

步骤一：可从MakerBot的官网下载获得MakerBot desktop的安装文件，安装文件应选择与所安装电脑相匹配的安装程序。

步骤二：双击打开安装程序，则会弹出"MakerBot Bundle BETA Setup"的安装路径对话框，如图7-3所示，选择安装位置的路径。

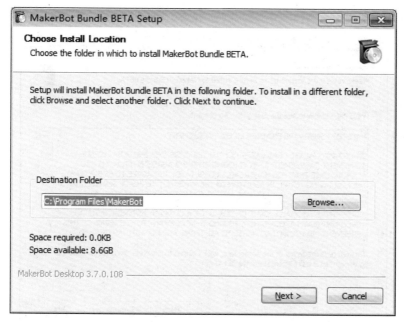

图7-3　安装路径选择对话框

步骤三：单击"Next"按钮则如图7-4所示的选择组件对话框。

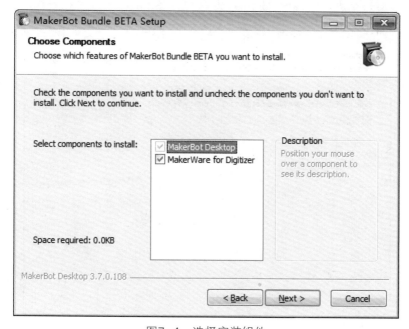

图7-4　选择安装组件

步骤四：单击"Next"按钮后则弹出如图7-5所示的用户协议对话框。

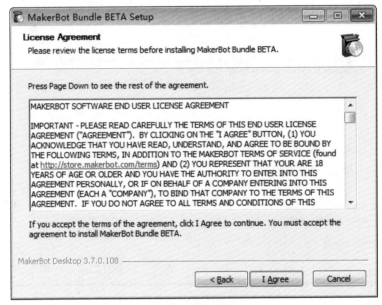

图7-5　用户协议

步骤五：单击"I Agree"按钮，进入如图7-6所示的程序安装过程。

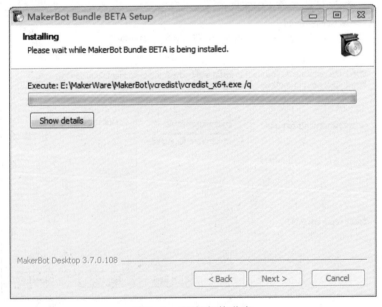

图7-6　程序安装进度

步骤六：待安装完毕后，弹出如图7-7所示程序安装完成，直接单击"Finish"即可。

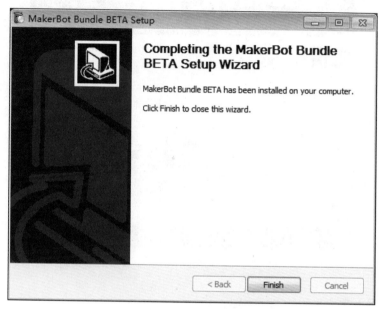

图7-7　程序安装完成

小提示： MakerBot desktop安装程序的官方下载地址为http://www.makerbot.com/desktop

7.2.2　3D打印软件的使用

下面将以一个具体的打印模型为例，来详细介绍3D打印控制软件的各部分功能区的使用方法和具体操作步骤。

1. 软件主界面介绍

打开MakerBot应用程序，其主界面显示如图7-8所示。

如图7-8所示，此款打印软件主要由菜单栏、应用栏、打印参数设定、输出打印文件、工具栏、工作区间和打印机类型等功能区组成，界面简单易用，适合初学者使用。各功能区的具体使用在后面的章节会有详细的讲解，此处将不作详细介绍。

图7-8 MakerBot主界面

2. 导入需要打印的3D模型

步骤一：如图7-9所示，鼠标左键选择需要打印的STL格式文件，直接拖入
MakerBot的工作区间中。

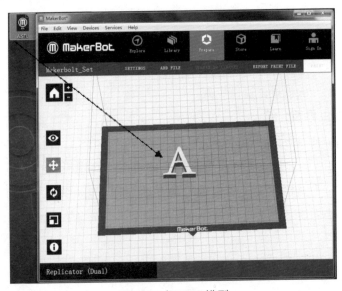

图7-9 打开3D模型

　　步骤二：STL格式文件在被拖入到工作区间过程中，会弹出询问摆放位置的对话框，如图7-10所示。直接单击"Move to Platform"按钮，进入MakerBot界面，如图7-11所示。

图7-10　询问模型摆放位置

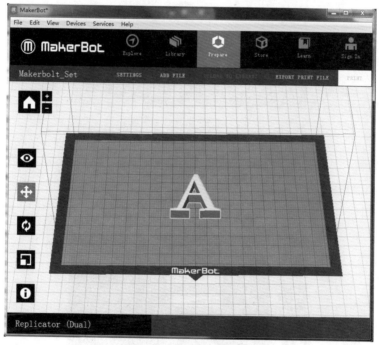

图7-11　导入3D模型

　　小提示：出现询问摆放位置对话框的原因是由于打开的三维模型底部没有与打印平面相接触，MakerBot软件就会询问用户是否将3D模型移动到打印平面上。一般使用拖拽方式打开，STL格式的文件都会出现此提示，只需按操作规范进行操作即可。

3. 3D模型的预处理

成功导入3D模型后，我们将要对3D模型进行简单的预处理操作，主要分为三个部分，分别是：改变模型的位置、改变模型的方向、改变模型比例。

（1）改变模型的位置：当需要同时打印多个3D模型时，就需要调整各个3D模型的位置。若不调整好位置，可能会导致多个3D模型之间发生重叠或相连，如图7-12所示。

步骤一：选定要移动的3D模型，被选定的3D模型会被黄色框包围，如图7-12所示。

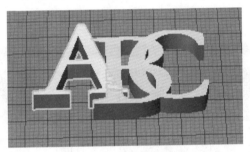

图7-12　选定3D模型

步骤二：单击工具栏中的"移动位置"命令，此时可任意移动选定的3D模型，也可再次单击工具栏中的"移动位置"命令，则弹出如图7-13所示的指令框，输入相应的XYZ轴坐标值后按回车键即可对模型进行精确定位。

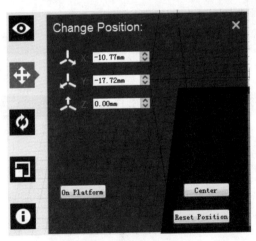

图7-13　精确改变位置

注意: 当需要调整多个3D模型位置时，只需重复步骤一和步骤二的操作即可。若设置过程中输入错误导致需要重置3D模型位置，单击图7-13中右下角的"Reset Position"完成重置位置操作。

下面以A到C字母的3D模型位置摆放为例，说明调整3D模型位置的重要性，如图7-14是A到C字母的3D模型改变位置前的效果图，图7-15是位置调整后的效果图。

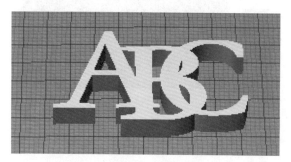

图7-14 位置改变前的效果图

图7-15 位置改变后的效果图

（2）改变模型的方向：成功导入3D模型后，若发现当前3D模型的摆放位置存在较多的悬空部位，通常需要对3D模型进行旋转，从而减少悬空部位的打印，降低打印支撑的可能性。改变3D模型的方向主要分为以下步骤。

选定要旋转的3D模型，单击工具栏中的"旋转模型"命令，此时即可将选定的3D模型进行XYZ轴任意方向上的旋转，则再次单击工具栏中的"旋转模型"命令，则会弹出如图7-16所示的指令框，输入XYZ轴需要旋转的度数后按回车键即可进行精确旋转设置。

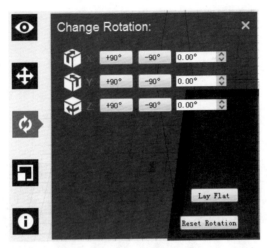

图7-16　精确旋转

　　注意：当需要改变多个3D模型方向时，只需重复上述的操作即可。若设置过程中因输入错误而需要重置3D模型方向，单击图7-16中右下角的"Reset Rotation"完成重置方向操作。

　　下面以字母A的3D模型为例，说明改变方向对打印物体的影响，如图7-17是字母A竖直放置的情形，不难发现有很多不与平台接触的悬空部位，图7-18是改变方向后的效果图，这时会发现已经没有悬空部位了。

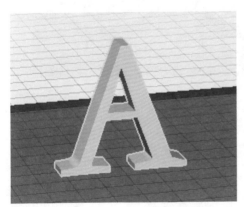

图7-17　改变方向前

图7-18　改变方向后

　　（3）改变模型的比例：成功导入3D模型后，若模型比例不符合要求，或者需要批量化打印而需要不同大小的模型，可通过对3D模型进行缩放，进而改变其尺寸大小。改变模型的比例主要操作方法步骤如下：

选定要缩放的3D模型，单击工具栏中的比例缩放命令，此时可将选定的3D模型进行任意比例的缩放，再次单击工具栏中的比例缩放命令，则弹出如图7-19所示的指令框，输入缩放的比例后按回车键即可进行精确缩放。

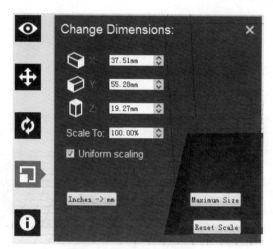

图7-19 精确缩放

下面继续使用字母A的3D模型来展示缩放的效果，如图7-20是缩放前的模型，图7-21是放大1倍后的模型。

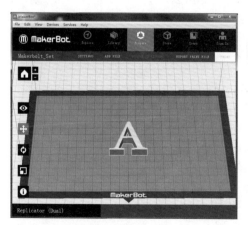

图7-20 缩放前

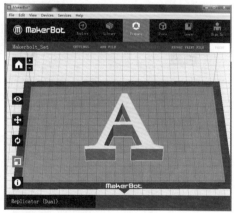

图7-21 缩放后

注意：当需要改变多个3D模型尺寸时，只需重复上述操作即可。若设置

过程中因输入错误而需要重置3D模型尺寸，单击图7-19中右下角的"Reset Scale"完成重置尺寸操作。

4. 配对打印机型号

市场上常用的3D打印软件都可以同时支持多种型号的3D打印机，使用者需要根据具体使用情况来选择3D打印机型号，并设置3D打印软件与其配对。

单击菜单栏的"Devices—Select Type of Device"下拉菜单，在出现的下拉菜单里选择对应的打印机型号，如图7-22所示；基于本书所介绍的3D打印机选择"Replicator（Dual）"的3D打印机型号。

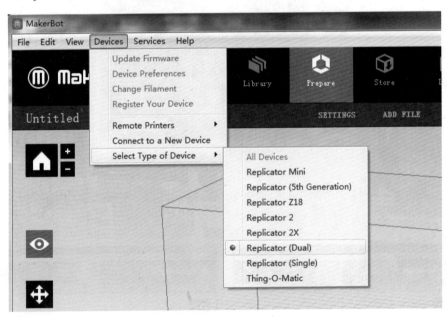

图7-22　配对打印机型号

注意： 第一次匹配好打印机型号后，若以后在没有更换打印机情况下无须再进行匹配，只有在更换了不同型号的打印机时才需要重新匹配。

5. 打印参数设定

3D打印机的使用最重要的一步就是对3D打印参数的设置，参数设置直接影响到打印模型的质量，因此打印参数的设置必须正确方可实现3D打印。如图7-8中，单击"SETTINGS"菜单，即进入参数设定界面，这里包括基础设置和详细设置。

基础设置界面如图7-23所示，图中的各个参数说明如表7-1所示。

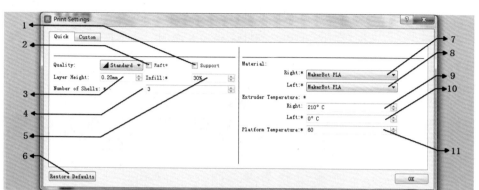

图7-23 基础设置中各参数说明

表7-1 基础设置中各参数说明

序号	名　称	说　明
1	支撑	当三维模型存在悬空部位时则需要选择打印支撑。
2	底座	当打印物体底面与打印平台接触面积较小时，一般情况下需要选择打印底座，避免在打印过程中模型脱落。
3	层厚	打印机喷头打印每一层材料的厚度，直接影响着模型的精度，层厚越小，打印物体越精细，但相应的打印时间越长。
4	外壳层数	层数越大，模型外壳越厚，强度也越高。
5	填充率	决定打印物体内部材料所占的百分比，填充率越大，打印物体强度越大，相应的打印时间越长。
6	重设参数	把所有参数设置为出厂设置。
7	右喷头材料设置	可供选择的材料一般有ABS、PLA等。
8	左喷头材料设置	可供选择的材料一般有ABS、PLA等。
9	右喷头温度	根据使用的材料和成型环境来设置，往往冬季所需的温度较高，夏季较低。
10	左喷头温度	根据使用的材料和成型环境来设置，往往冬季所需的温度较高，夏季较低。
11	打印平台温度	根据使用的材料和成型环境来设置，往往冬季所需的温度较高，夏季较低。

实例：字母A模型参数设置

接下来将说明如何使用此款软件进行参数的设置，本实例以图7-20所示的字母A作为例子进行参数的设置。如图7-20导入模型，各个打印参数设置如下表7-2所示。

表7-2　字母A模型各个打印参数设置

序号	名　称	设置范围和值
1	支撑	需要打印
2	底座	需要打印
3	层厚	范围0.1～0.2，建议设置0.2
4	外壳数	范围1～10，建议2
5	填充率	范围20%～50%，建议设置30%
6	喷头使用材料	可选ABS或PLA，建议使用PLA
7	所选喷头	建议选择右喷头
8	喷头温度	PLA：190～210℃，建议设置210℃
9	打印平台温度	使用PLA材料时，设置为常温即可

6. 生成G代码

在完成3D模型的打印参数设置后，需要生成G代码并保存至目标位置，单击"EXPORT PRINT FILE"按钮后弹出"Export"对话框，如图7-24所示。

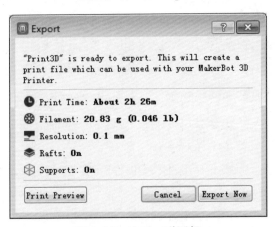

图7-24　Export对话框

单击图7-24中"Print Preview"按钮查看打印预览，如要生成G代码，单击"Export Now"按钮，则弹出如图7-25所示的保存文件界面，选择生成G代码的格式及保存G代码的路径，同时给新生成的G代码文件命名（G代码的命名应使用英文）。

图7-25　G代码保存位置以及格式

注意： 保存文件名一定不能有中文，只能是英文或数字。保存格式根据使用的打印机类型来选择，这里选择.x3g格式。

7.3　3D打印机的使用

7.3.1　打印操作

应用3D打印机打印物体可采用在线打印及脱机打印两种打印方式，但由于在线打印过程中，不能将USB串口线拔出或断开，电脑需要保持开机状态，浪费电且容易出现断线问题而导致打印失败，因此建议平时使用过程中尽量选择脱机打印，此章节也将通过脱机打印对3D打印机的操作进行讲解。脱机打印即

将模型的G代码保存到SD卡上，3D打印机通过执行SD卡上的G代码，从而驱动3D打印机的机械部分实现打印操作。脱机打印的具体步骤如下：

步骤一：将3D打印机的SD卡取下来，然后将SD卡接到电脑上（可采用SD卡读卡器或直接插在有SD卡插槽的电脑上），将模型的G代码存入SD卡中，然后将SD卡正确插入3D打印机的SD卡槽中。

步骤二：利用3D打印机的操作面板来实现模型的打印，其中显示面板的主界面如图7-26所示，控制面板如图7-27所示。

图7-26　3D打印机显示界面主菜单

图7-27　控制面板

步骤三：选择Build from SD菜单，按下"确认键"，即打开SD卡的内容，如果SD卡里面有2个及以上的打印文件，则可以利用"上键"和"下键"来选择所需要打印的模型文件，例如选择wu.x3g，如图7-28所示。

图7-28　打印文件选择

再按下"确认键"，3D打印机进入打印状态，如图7-29所示，此时3D打印机预热完成后将自动开始打印，无须其他操作。

图7-29　3D打印机打印过程

7.3.2 进料

应用3D打印机进行打印时，如果打印材料（PLA或ABS塑料丝）未插入到3D打印机的喷头中，那么，在打印前，需要先把打印材料加进喷头中，即进料。具体操作步骤如下。

如图7-30进料步骤图所示，开启3D打印机后首先通过打印机上的键盘按钮选择"Utilities"选项，按下确认键，进入下一级菜单，选择"Change Filament"选项子菜单下的"Load right"项进行进料操作。

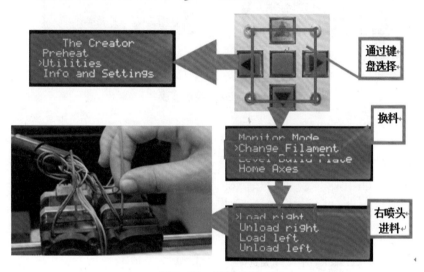

图7-30 进料步骤

7.3.3 换料

在准备打印一个三维模型时，如果3D打印机的打印材料不够或者需要换其他颜色打印，则需要进行换料操作。换料操作包含退料及进料两个部分，操作时要先退料再进料，本书以右喷头为例，介绍换料的操作步骤如下。

步骤一：退丝

如图7-31退丝步骤图所示，开启3D打印机后首先通过打印机上的键盘按钮选择"Utilities"选项，按下确认键，进入下一级菜单，选择"Change Filament"选项子菜单下的"Unload right"项进行退料操作。

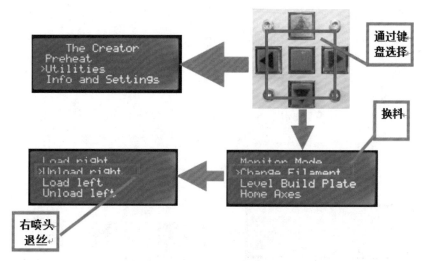

图7-31　退丝步骤

步骤二：进料

如图7-32进料步骤图所示，开启3D打印机后首先通过打印机上的键盘按钮选择"Utilities"选项，按下确认键，进入下一级菜单，选择"Change Filament"选项子菜单下的"Load right"项进行进料操作。

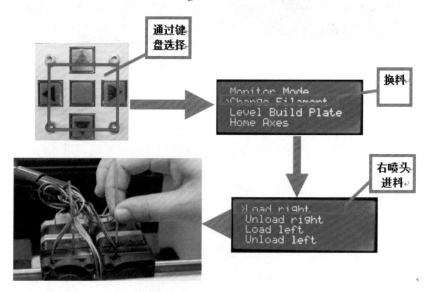

图7-32　进料步骤

7.3.4　打印平台的调平

3D打印机的打印平台是否调平将直接影响三维模型的打印质量，如果打印平台调平不当，可能会使打印物体成型失败，浪费打印材料以及时间。具体的调平步骤如下：

步骤一：选择平台调平菜单。如图7-33所示，开启3D打印机后首先通过打印机上的键盘按钮选择"Utilities"选项，按下确认键，进入下一级菜单，选择"Level Build Plate"选项，根据提示，在键盘按钮上按确定键（中间键）。

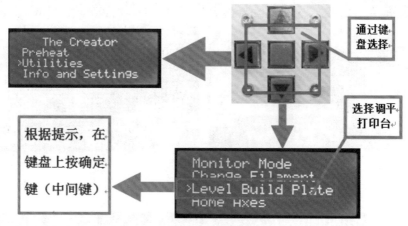

图7-33　调平操作-1

步骤二：根据提示，调试第一个调试点。如图7-34所示在喷头与平台之间放一张白纸，通过拧平台下方四颗螺钉调节平台高度，使平台和喷头之间刚好放进一张白纸，把白纸抽出，完成第一个点的调节。

图7-34　调平操作-2

步骤三：依次调试其他4个点。如图7-35所示，重复步骤二的操作完成剩余四个点的调平，完成平台调平操作。

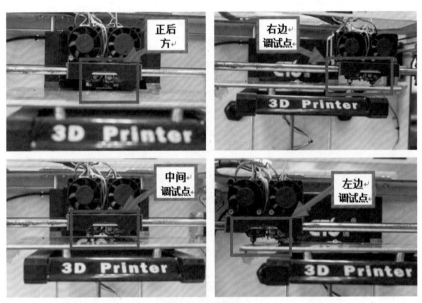

图7-35　调平操作-3

7.4　3D打印机的维护以及注意事项

7.4.1　机器温度设定

机器温度设定分为两种类型，分为喷头温度的设定和热床（平台）温度的设定。其中一个主要原因是因为不同材料对应的挤出温度不同，另外同种材料对应的挤出温度因季节的不同也会有所不同。因此在使用3D打印机的过程中需要特别注意喷头温度的设置和热床温度的设置。如图7-36为3D打印软件中的温度设计项。

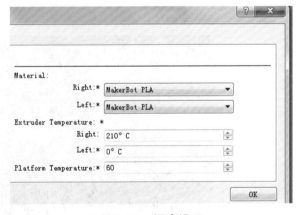

图7-36　温度设置

7.4.2 打印移位或打印出界

当3D打印机使用一段时间后可能会出现打印移位或者打印超出平台以外区域的问题，这种问题主要是因为机器使用一段时间后，由于其运动误差的产生，导致了打印移位等问题，要解决这种问题主要是通过机器的复位来解决。如图7-37，开启3D打印机后首先通过打印机上的键盘按钮选择"Utilities"选项，然后选择其菜单下的"Home Axes"选项，使打印机复位到出厂设置。

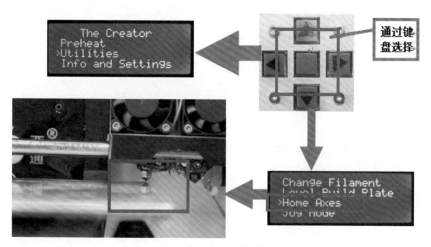

图7-37 打印复位

7.4.3 出料出现小气泡

如图7-38所示，打印出来的材料上面出现许多微小的气泡，这些小气泡严重影响了模型的外观和打印质量，因此在打印过程中要尽量避免出现小气泡。小气泡主要是在打印ABS材料时出现较多，产生原因主要是ABS材料裸空放置时间太长，材料在空气中吸收了水分。主要的解决方式是未使用完的材料需要避光密封保存，若有已经拆开又没有使用完的材料应进行烘干后密封保存，避免材料因长时间暴露在空气中吸收过多的水分。

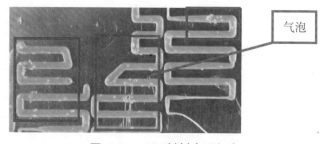

图7-38 ABS材料出现气泡

7.4.4 日常使用注意事项

· 打印完后，不能直接关闭电源，应等打印头风扇停止后，再关电源；

· 针对先预热未插卡的情况，预热时间不超过20分钟；

· 模型打印完毕后及时把材料取出以免造成喷头堵塞；

· 每隔一段时间需要给打印机涂抹专用润滑油，保持打印机流畅运行；

· 使用有毒材料时，应避免人靠近打印机，并保持室内通风透气。

第8章
SLA技术3D打印机的使用与维护

8.1　3D打印机的组成及打印步骤

8.1.1　3D打印机基本组成

本章节将以一款基于SLA打印技术的国产3D打印机为例，对3D打印机的使用方式进行详细的讲解。此款3D打印机采用光固化快速成型技术（SLA），使用液态光敏树脂材料，可打印大小不超过125mm×125mm×165mm的模型，打印精度为0.025～0.1mm，是一款高精度3D打印机。

此款3D打印机的主要组成部分及整体外形如图8-1所示。

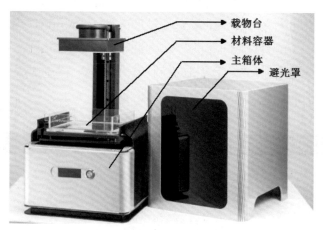

图8-1　SLA技术3D打印机正面图

如图8-1所示，这类3D打印机主要由以下几个重要部分构成：

·载物台：是模型承载的重要载体，模型在成型时将倒立粘贴在此载物台上，每成型一层，载物台往上上升一层高距离，直至模型完成打印；

·材料容器：用于盛装液态光敏树脂材料，液面在紫外光的扫描下形成固体粘连在载物台上；

·主箱体：里面包含了紫外光发射器和控制系统，紫外光发射器在控制系统的驱动下对液面材料进行扫描形成模型的界面轮廓；

·避光罩：避免阳光直射对液态材料和打印进程造成影响以及防止内部辐射外漏。

8.1.2　3D打印机操作主要步骤

相信读者通过前面章节的学习，已经对SLA快速成型技术的基本原理有所了解，如何使用这类3D打印机成为本节主要学习的内容。基于SLA快速成型技术的3D打印机的使用方法与基于FDM技术的3D打印机大致相同，主要包括以下三个步骤：

（1）获得3D模型文件：应用3D建模软件进行三维模型的设计，并将设计完成的三维模型生成STL格式的模型文件，其中可以采用的3D建模软件包括SolidWorks、AutoCAD、Pro/E、UG和3ds Max等。

（2）3D模型切片及生成G代码：应用3D打印软件对STL格式的模型文件进行缩放、旋转、位移及切片等处理，同时进行打印参数设置，如层厚、填充率、喷头温度、热床温度等，切片完成后再生成3D打印机可执行的Gcode代码。其中，常用的开源3D打印机软件包括Cura、ReplicatorG、Repetier-Host、MakeWare和MakerBot Desktop等。

（3）3D打印实现：3D打印机的控制系统执行Gcode代码，控制喷头的水平移动和平台的向下移动来逐层打印出模型。

8.2　3D打印软件的安装与使用

8.2.1　3D打印软件安装与机型配置

因本节介绍的SLA打印机是配合Cura软件使用的，因此本节将主要介绍Cura软件的常规安装方法和机型的配置。

1. 3D打印软件的安装

步骤一：获得Cure软件的安装文件（可从Cura的官网下载），选择与所安装电脑相匹配的安装程序。

步骤二：双击Cura安装程序，弹出"Cura 15.02.1 Setup"窗口，如图8-2所示，在安装过程中全部选择默认值安装。

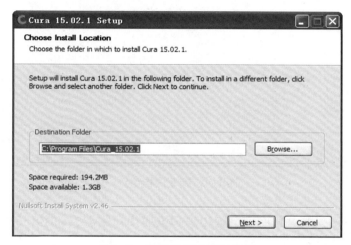

图8-2 安装路径选择对话框

步骤三：鼠标左键单击图8-2中的"Next"按钮，弹出如图8-3的组件选择窗口，直接单击"Install"，开始安装程序，继续弹出如图8-4的安装进程窗口。

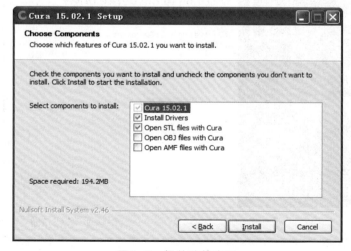

图8-3 组件选择窗口

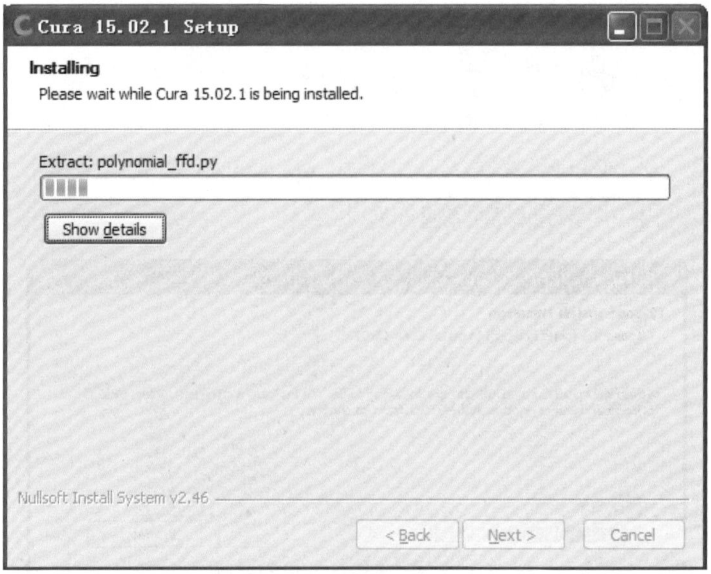

图8-4　安装进程窗口

步骤四：安装过程中，会弹出窗口安装串口驱动，如图8-5所示，直接按"下一步"按钮；串口驱动安装完毕后弹出提示安装成功窗口，如图8-6所示，直接单击"完成"即可。

图8-5　串口驱动安装窗口

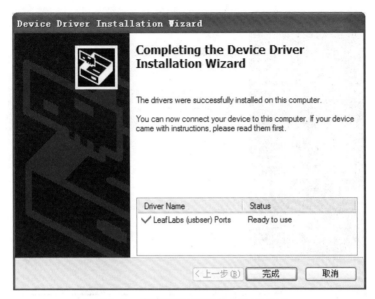

图8-6 串口驱动安装成功提示窗口

步骤五：软件安装完毕后会显示以下提示窗口，返回Cura安装界面，如图8-7所示，单击"Next"，弹出完成提示窗口，如图8-8所示，直接单击"Finish"完成安装。

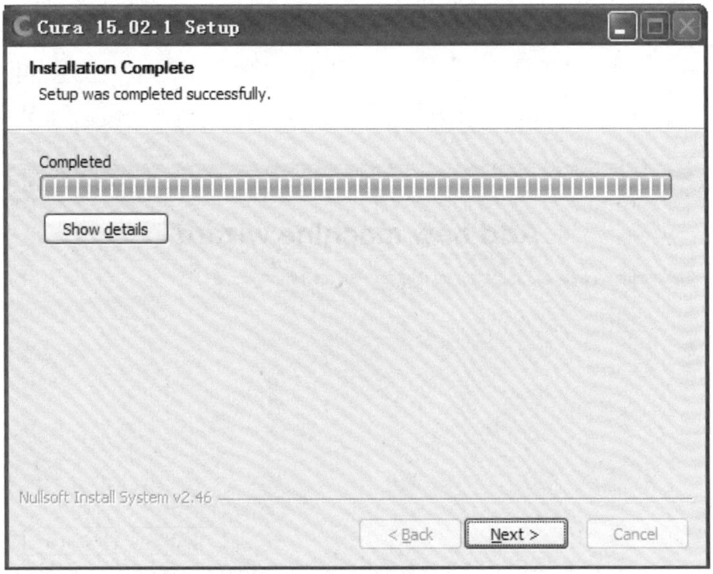

图8-7 安装完毕界面

图8-8　全部安装完成窗口

2. 3D打印软件机型配置

待Cura软件安装完毕后，电脑会自动启动Cura软件，进行最初的机型配置，若不会主动弹出设置窗口，则打开Cura软件后"Machine-Add New Machine"进入设置串口。机型配置主要操作步骤如下：

步骤一：安装完成后，电脑自动启动Cura软件，弹出机型配置窗口，如图8-9所示，直接单击"Next"弹出如图8-10所示的机型选择窗口。

图8-9　机型配置窗口

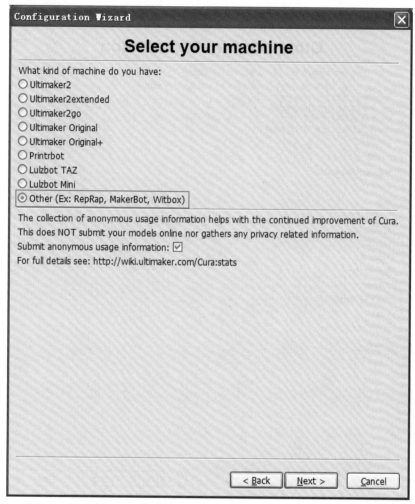

图8-10　机型选择窗口

步骤二：如图8-10弹出的机型选择窗口选择"Other"选项，接着单击
"Next"按钮，弹出如图8-11所示的其他机型选择窗口，单击"RIVERSIDE"
项，接着单击"Next"按钮，进入完成提示窗口，单击"Finish"按钮完成机型
的配置。

Configuration Wizard ✕

Other machine information

The following pre-defined machine profiles are available
Note that these profiles are not guaranteed to give good results,
or work at all. Extra tweaks might be required.
If you find issues with the predefined profiles,
or want an extra profile.
Please report it at the github issue tracker.

○ BFB
○ DeltaBot
○ MakerBotReplicator
○ Mendel
○ Ord
○ Prusa Mendel i3
◉ RIVERSIDE
○ Rigid3D
○ RigidBot
○ RigidBotBig
○ Witbox
○ Zone3d Printer
○ julia
○ punchtec Connect XL

○ Custom...

    < Back   Next >   Cancel

图8-11　其他机型选择窗口

8.2.2　3D打印软件的使用

1. 软件主界面介绍

打开Cura应用程序，其主界面显示如图8-12所示。

如图8-12所示，此款打印软件主要由菜单栏、参数设置区、功能区、工具栏、工作区间和视图区等功能区组成，界面简单易用，适合初学者使用。各功能区的具体使用在后面的章节会有详细的讲解，此处将不作详细介绍。

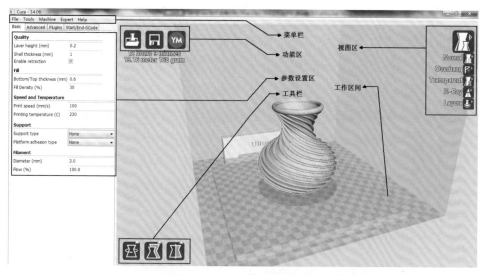

图8-12 Cura软件操作界面

2. 导入需要打印的3D模型

将需要打开的STL格式文件直接拖入Cura的工作区间中，如图8-13所示，3D模型将自动呈现在工作区间的正中央。

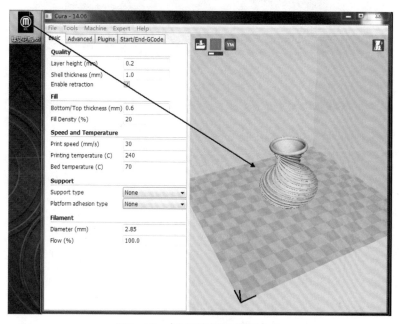

图8-13 打开现有3D模型文件

3. 3D模型的预处理

在Cura中成功导入3D模型后，跟着要做的是对3D模型进行预处理，预处理有三个部分，分别是：改变位置、改变方向、改变尺寸。

（1）改变位置：当需要同时打印多个3D模型时，就需要调整各个3D模型的位置。若不调整好位置，可能会导致3D模型无法打印或者会影响到模型的打印质量，如图8-14所示灰色的模型因摆放出界，提示无法打印。移动模型具体步骤如下：

步骤一：选定要移动的3D模型，被选定的3D模型会显示高亮，如图8-14所示的字母B模型。

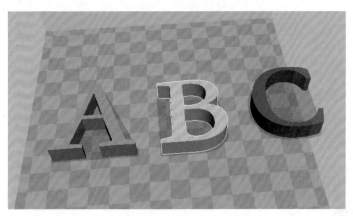

图8-14　选定3D模型

步骤二：选择需要移动的模型，直接按着鼠标左键，把模型拖拽到适合的位置，放开鼠标左键完成模型的移动。

注意： 当需要调整多个3D模型位置时，只需重复步骤一和步骤二的操作即可。需要打印的模型在工作区间显示的颜色必须是黄色的，显示为灰色时即表明此模型摆放位置不合适，需要重新移动位置。

（2）改变方向：导入3D模型后，若发现当前3D模型的摆放位置存在较多的悬空部位，为了减少打印支撑结构、节省打印材料以及提高打印成品表面的光洁度，通常会对3D模型进行旋转，尽量减少悬空部位。具体步骤如下：

步骤一：选定要旋转的3D模型，被选定的3D模型会显示为高亮，如图8-14所示。

步骤二：选中需要旋转的3D模型，如图8-15所示，选择模型后，工作区间左下角会弹出工具栏的三个图标，如图8-16，分别是"roteta（旋转）""scale（比例）""mirror（镜像）"，此处单击"旋转"图标，需要旋转的模型将会出现如图8-15所示字母B周围的三个旋转圈，分为红、绿、黄三种颜色，分别代表模型在XY面、XZ面、YZ面上的旋转轴。单击鼠标左键选择对应面的旋转轴对模型进行合适的旋转操作，完成后放开鼠标左键即可。

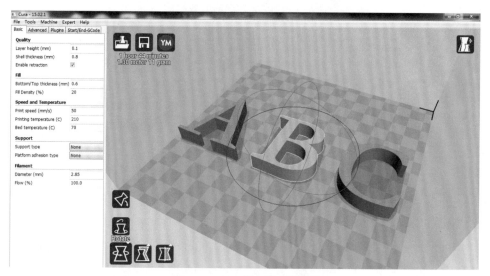

图8-15　3D模型旋转操作

图8-16　工具栏

注意：当需要改变多个3D模型方向时，只需重复步骤一和步骤二的操作即可。模型旋转完毕后，需要旋转另外一个模型时直接单击需要旋转的模型即可。

下面以字母B的3D模型为例，说明改变方向对打印物体的影响，如图8-17是字母B竖直放置的情形，不难发现有很多不与平台接触的悬空部位，图8-18是改变方向后的效果图，这时会发现已经没有悬空部位了。

图8-17　改变方向前的效果图

图8-18　改变方向后的效果图

（3）改变尺寸：导入3D模型后，若发现尺寸大小不符合要求，可以对3D模型进行缩放，改变其尺寸大小。

步骤一：选定要缩放的3D模型，被选定的3D模型会被黄色框包围，如图8-14所示。

步骤二：单击鼠标左键选择需要缩放的模型，如图8-19，选择字母B模

图8-19　缩放操作

型，左下角会弹出如图8-16的工具栏，接着选择"scale"项弹出下一级菜单的详细参数设置，其中"Scale X""Scale Y""Scale Z"表示模型"XYZ"轴上的缩放比例，"1"表示原始模型大小的100%，"0.5"表示为原始模型的50%，以此类推，对需要缩放的模型进行合适的缩放操作。

下面继续使用字母ABC的3D模型来展示缩放的效果，如图8-20是缩放前的模型，图8-21是原始尺寸50%的模型。

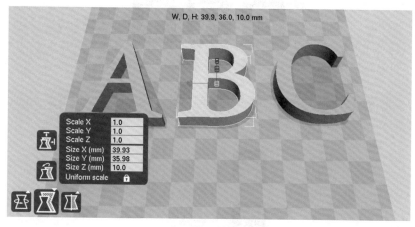

图8-20 缩放前

图8-21 缩放后

注意： 当需要改变多个3D模型尺寸时，只需重复步骤一和步骤二的操作即可。模型缩放完毕后，需要缩放另外一个模型时直接单击需要缩放的模型，输入缩放的比例即可。

4. Cura打印软件各功能区图标使用介绍

（1）工具栏

• 如图8-22所示为工作区间左下角工具栏的三个图标，分别是"roteta（旋转）""scale（比例）""mirror（镜像）"命令，此工具栏需要加载打印模型并选择模型后才会弹出，此章节将简单介绍工具栏的具体应用；

图8-22　工具栏

• 如图8-23为旋转命令图标，用于调节打印物体的打印位置及方向，适当调整模型的角度可优化打印模型的质量；

图8-23　旋转命令图标

• 如图8-24为缩放命令图标，用于调整打印物体的大小比例，一般在打印系列模型或者打印所需不同尺寸模型时使用；

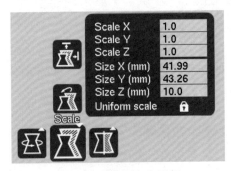

图8-24　缩放命令图标

· 如图8-25为镜像命令图标，用于把模型关于"XYZ"轴的镜像，如左手和右手就是镜像的关系，此处的模型镜像也是如此。

图8-25 镜像命令图标

（2）视图区

如图8-26为工作区间右上角的视图区命令图标，此命令主要用于以各种形式查看打印模型的过程，通过了解打印过程可更好地选择模型的摆放和参数的设置，使模型打印质量更高。

图8-26 视图区

· Normal：此选项为软件默认视图，用于展现原始模型的外表，通体黄色如图8-27所示；

图8-27　Normal视图

· Overhang：此选项称为悬垂视图，用于展现模型悬垂部分以及和打印平台接触部分，通过此视图的观察，可发现模型哪些位置需要打印支撑，从而方便参数的设置，悬垂部分或与平台接触部分显示为红色，如图8-28所示；

图8-28　悬垂视图

· Transparent：此选项称为透视图，用于模型的穿透检查，确保模型没有结构问题等，如图8-29为字母A模型的透视图；

图8-29　透视图

· X-Ray：此选项称为X光检测视图，与透视图功能大致一样，但主要是用于模型内部结构重叠部分面的展现，如图8-30为字母A模型的X光检测视图；

图8-30　X光透视图

· Layers：此选项称为分层视图，用于观察模型打印时实际的喷头打印路径，可观察到模型哪一个部分需要打印支撑和填充的内部结构等，如图8-31为字母A模型在打印支撑情况下的分层视图。

图8-31　分层视图

（3）功能区

如图8-32所示为Cura打印软件工作区间左上角的功能区图标，从左到右分别是"Load（加载文件）""Save toolpath（保存轨迹）""Share on YouMagine（社区分享）"。

图8-32　功能区

- Load（加载文件）：加载3D打印模型；
- Save toolpath（保存轨迹）：保存3D打印机使用的G代码路径文件；
- Share on YouMagine（社区分享）：在网络社区中分享自己的打印模型。

当电脑与3D打印机联机后，功能区中间的"Save toolpath"图标将会变成如图8-33所示的联机图标，单击此图标进行联机打印。

图8-33　联机后功能区

（4）鼠标右键快捷命令

鼠标右键选中Cura软件工作区间的三维模型便会弹出如图8-34所示的鼠标右键快捷命令栏，接着选择其中的命令可进行多种操作。

Center on platform
Delete object
Multiply object
Split object into parts
Delete all objects
Reload all objects
Reset all objects positions
Reset all objects transformations

图8-34　鼠标快捷命令

- Center on platform：把选中的三维模型放置于打印平台正中央；
- Delete object：删除选中的三维模型；
- Multiply object：增加选中的三维模型；
- Split object into parts：将模型拆成多件；
- Delete all object：删除所有三维模型；
- Reload all object：重新加载所有三维模型；
- Reset all object positions：重设所有三维模型位置；
- Reset all object transformations：重设所有三维模型的转换。

8.3 3D打印机的使用

8.3.1 打印操作

本书介绍的基于SLA成型技术的这款3D打印机主要通过电脑打印机在线互联进行打印，打印过程中不能把电脑和打印机之间的数据线拔下，打印机和电脑数据链断开后将无法完成模型的打印。此款3D打印机操作简单，无须太多繁重步骤的配置，只需要开启机器连接电脑进行打印即可。联机打印的具体操作步骤如下：

步骤一：如图8-35首先把电源插头插到机器上，接着按下开关键，机器启动配置设置，进入准备状态，如图8-36所示。

图8-35　连接电源

图8-36　打印机处于准备状态

步骤二：使用数据线缆连接打印机和电脑，使用Cura与3D打印机建立数据链接，在Cura软件中放置好模型以及设置好参数后，单击如图8-37功能区中间的联机图标进行联机打印，3D打印机屏幕上将会显示正在打印字样，表明联机打印成功，等待打印完成。

图8-37　功能区命令

图8-38　正在打印

步骤三：待模型打印完成后机器的吸盘和平台会自动复位，3D打印机界面恢复到如图8-36所示的准备打印界面。打印的模型吸附在吸盘上，取下吸盘，用专用铲子将模型铲下，把取下的模型放入酒精中清洗，将多余的树脂清洗掉即可。

小提示：若模型需要清洗得更加干净，可使用专用超声波清洗器清洗。

8.3.2　加注材料

基于SLA成型技术的3D打印机材料的加注是非常简单的，直接把光敏树脂材料灌注到打印机的成型室即可，而且剩余材料可重复使用，方便快捷。

8.4　3D打印机的维护以及注意事项

8.4.1　使用环境

此款基于SLA成型技术的3D打印机因其是用紫外光和液态光敏树脂材料配合进行打印的，因此在使用过程中应尽量避免强光照射，确保使用环境周围少粉尘或无灰尘，变更使用环境的时候尽量避免较大温差，避免镜片产生雾气。

当打印机长时间不使用时应把其存放在常温下，避免阳光直射以及尽量避免较大温差而产生雾气。

8.4.2　3D打印机无法进行打印

3D打印机若无法进行联机打印，大多情况下是因为电脑与打印机连接不稳等问题造成的，若打印机通电正常工作，且USB线连接正确，却不能正常显示联机图标时，此时需检查电脑的"设备管理器"打印机串口驱动是否正常。若串口显示不正常，请使用安装目录中的文件夹"C：\Program Files\Cura_15.02.1\drivers重新安装串口驱动"。若串口显示正常，请拔掉串口并重启打印机尝试重新连接。

8.4.3　日常使用注意事项

· 打印机的导轨和丝杆应每月加一次润滑油、防腐润滑剂，保持打印机的良好状态；

· 打印过程中请勿直接断电，或者使用金属物体直接接触打印机的导体组件；

· 在工作完毕后一定要把物料盘放回机器，然后再将吸盘放回打印机，最后一定要将防辐射罩子盖下；

· 在打印完毕后若需要更换料盘必须首先拿掉吸盘，然后再拿出料盘，这样避免吸盘树脂掉进打印机内部的反光镜片表面；

· 长时间不打印一定要及时用无水酒精将吸盘清洗干净，以免树脂固化在吸盘上，导致打印的模型不粘吸盘。

第9章

3D打印质量的优化

9.1 浅谈3D打印的误差分析

3D打印与传统的制造业去除材料加工技术不同，其遵循的是加法原则。在制造零件前我们必须首先设计出所需零件的三维模型，然后根据工艺要求，按照一定的规律将该模型离散为一系列有序的单元，通常在Z轴向上将其按一定厚度进行离散（我们通常称其为分层），把原来的三维CAD模型变成一系列的层片；再根据每个层片的轮廓信息，输入加工参数，自动生成数控代码；最后由成型系统成型一系列层片并自动将它们连接起来，得到一个三维物理实体。

目前基于这种技术的3D打印快速成型制造在原理性、数据处理及打印过程中都会产生各种误差，从而导致模型精度下降。本文将对3D打印快速成型制造技术在进行快速制造时产生的误差进行详细的分析，以便后续针对各种因素进行打印质量的优化。

9.1.1 模型前期数据处理误差分析

在模型零件建模完成之后，需要将其进行数据方面的转换，目前应用最为广泛的就是STL格式文件，主要是用小三角面片来近似地逼近任意曲面模型或者实体模型，能够较好地简化CAD模型的数据格式，同时在之后的分层处理时，也能够较好地获取每层截面轮廓上的相对于模型实体上的点。

1．STL格式化引起的误差

STL格式文件的实质就是用许多细小的空间三角形面来逼近还原CAD实体模型，其主要的优势就在于表达清晰，文件中只包括相互衔接的小三角形面片的节点坐标和其外法向量。用来近似逼近的三角形数量将直接影响着实体的表面精度，数量越多，则精度越高，但是物极必反，三角形数量太多即精度要求过高，会造成文件内存过大，增加处理时间。所以在用建模软件输出STL文件时需要确定精度，也就是模拟原模型的最大误差，选择适合的误差，可兼顾效率和精度两方面的要求，因此在实际应用中应综合考虑各方面因素选择合适的误差。当然，当表面为平面时将不会产生误差，如果表面为曲面时，误差则将不可避免地存在。

2．模型分层对成型精度的影响

对模型进行分层处理的过程中会产生一定的误差，这种误差属于原理性误差。分层处理是在STL文件转换之后，把STL格式文件导入3D打印处理软件进行逐层切片分割，将三维处理转化为二维处理，将立体制造转化为平面制造。分层后会得到一组垂直于成型方向彼此平行的平面，这些平面将STL格式文件截成等层厚的截面，截面与模型表面的交线即形成了该截面的轮廓信息，此信息可作为成型扫描过程中的数据。所以，对三维模型的切片处理是快速成型制造的基础。

但是另一方面，对三维模型的切割，破坏了模型的整体性。因为分层具有一定的厚度，所以对微小的结构进行分层时难免会产生数据的丢失，导致成型件形状和尺寸上的误差。由此可知，分层的厚度决定了模型成型的精细程度。分层厚度越大，丢失的信息越多，模型的精度也越低。这种问题直接的体现是无法对模型局部细微结构实现准确地成型。另外，分层厚度直接形成了模型的阶梯状表面，影响模型表面的光滑度，这也是成型过程中阶梯误差的来源。

阶梯误差只与分层厚度、法线方向和模型的曲率有关。减少阶梯误差，最简单的方法是，在切片处理时尽量减少分层的厚度。但是这会导致成型时间的大大增加，影响生产加工的效率，因此在选择层厚时需要视实际情况而定，取最佳中间值。另外，也可以尝试采用不同的切片方法来减少误差，如根据模型的几何形状进行分层方向的优选。

9.1.2　成型加工误差

加工设备自身都存在着一定的误差，机器本身造成的是成型件的原始误差。设备自身误差的改善应该从其系统的设计和制造过程入手，提高成型设备的硬件系统，以便改进成型件精度。在这里我们只针对设备系统及制造技术进行简要的误差分析。

成型平台误差分为XY水平方面的误差和Z方向的误差。水平方向的误差主要来源是成型平台的平整度。平整度不够的成型平台会影响模型底层制造的扫描和填充，而底层的成型质量是模型整体成型质量的保证。如果填充不完全，熔融态成型材料和成型平台表面的黏合不够，很容易产生模型底面翘曲的问题。

1. Z轴上的运动误差

Z方向误差，主要体现在对铺层厚度的影响。因为快速成型技术是基于层层堆叠制造的加工工艺，所以铺层的厚度是影响模型表面质量的最直接因素。它主要在丝杆的控制下，通过上下移动完成最终的成型加工。所以平台的运动误差将直接影响到成型件的层厚精度，从而导致成型件的Z轴误差。这种误差可能受设备零件的加工精度要求、电机控制系统是否精确等因素影响。

2. X、Y方向同步带变形误差

快速成型技术的成型原理是将三维转为二维，逐层制造，最后实现模型的立体成型。成型过程中，机械系统主要做的就是X–Y方向的平面运动。如今3D打印机的运动控制系统一般都采用步进电机开环控制系统，电机自身和其各个结构都会对系统动态性能造成一定的影响。X、Y轴的运动是靠电机驱动齿轮、齿形传送带等传送装置，在直线导轨的导向下实现的。所以X、Y轴的平面运动决定了机械的走位精度，对成型精度产生直接的影响。为了减少这方面的误差，应该注意经常对机械部件进行润滑等维护，保证机械的传动效率和走位精度。X、Y轴方向上的往返运动过程中存在一定的惯性，其实是喷头的路径尺寸大于成型件的设计尺寸，造成尺寸误差。同时，在加工过程中，打印模型内部材料时的速度比打印模型外部材料时要快，就会导致成型件边缘的固化程度高于中间部分，形成固化不均匀。

而机器使用一段时间后，同步带也会出现弹性变形，在进行加工时就会产

生较大的误差，因此在使用一段时间后必须对同步带进行调紧。

9.1.3　成型过程中的误差

挤出机导致的误差

（1）模型的成型尺寸比模型的实际尺寸大。软件对模型进行切片分割处理，生成每一层的扫描路径，这些路径的宽度在切片算法中默认为零，而实际过程中，由喷嘴挤出的熔融态成型材料是具有宽度的。所以，模型的成型尺寸比实际尺寸增加了一条喷嘴挤出丝料的线宽。简单理解的话，在加工之前，可以对模型的三维模型进行数据补偿来消除这种误差。但实际上，喷嘴挤出丝料的线宽并不是固定值，而是受到挤出头出丝速度和喷嘴移动速度等多个因素的共同影响而发生变化。因此在这点误差问题上，较为难以避免，只能通过长期的经验积累，合理得出补偿量。

（2）细微结构难以在模型中精确实现。由于喷嘴直径和挤出材料线宽的限制，细微结构难以在成型件中准确地实现出来，从而造成精度的缺失。这种影响来自于机械本身和3D打印工艺的加工原理，难以在工艺上彻底解决，只能通过模型成型以后的后期修正来改善。

（3）延时效应影响模型的表面质量。在打印过程中，喷头存在开启延时和关闭延时。打印过程开始时，挤出头接受指令进行送丝，但丝料不会立刻从喷嘴挤出。实际上，成型材料要经历加热过程变成熔融态，接着熔融态的材料填满加热腔体，最后通过持续送料产生的压力才会将材料挤出。这个过程的间隔即为开启延迟时间。另外，当成型完成，喷嘴停止送料时，喷嘴里的熔融材料在压力的作用下，仍会继续挤出一段时间才会停止出丝。这段时间间隔即为关闭延迟时间。开启延时和关闭延时都会对模型的表面质量造成影响，出现层面轮廓缺失或者成型结束后在模型表面形成瘤状物。喷嘴结构方面的改进在一定程度上可以改善延时效应造成的影响。目前很多3D打印设备已经将挤出装置的直流道设计升级为旋转挤压式设计。后者通过螺杆旋转产生压力，挤出成型材料，可以做到出丝的精确控制，有效地解决了模型表面瘤状物的表面质量问题。

9.1.4　参数设置对精度的误差影响

（1）成型温度

成型温度包括挤出头喷嘴温度和成型环境温度。喷嘴温度是指工作状态下

喷嘴的温度，环境温度通常是指成型室的温度。对于一种成型材料，喷头温度的理想状态是材料保持熔融状态而又不会从喷嘴滴出。喷嘴温度过高，就会发生牵丝现象，温度过低则可能无法正常出丝。如果环境温度过高，模型表面会发生软化，同时也容易和喷嘴之间产生丝料的粘连；如果环境温度太低，熔融的成型材料加剧冷却，在材料内应力的作用下容易造成模型的翘曲变形。

（2）挤出速度与打印速度

挤出速度指的是喷嘴利用压力将材料从喷嘴挤出的速度。打印速度指的是喷嘴整体的移动速度。在逐层填充成型的过程中，必须保证挤出速度和打印速度的高度匹配才能保证模型的成型精度。模型的每一层都是一个封面空间，由很多路径共同组成，而每条路径都有相应的起停点。起停点处的丝料控制是影响模型表面质量的重要因素，所以必须保持挤出速度和打印速度在一个恰当的比例上。如果挤出速度相对于打印速度过快，在每一层轮廓的起停点处就会产生多余的颗粒。这些多余材料形成颗粒粘连在模型的表面，后期极难清理，严重影响了模型的表面质量。另外，如果挤出速度相对于打印速度过慢，则丝料会被拉长变细，造成模型层面的填充不足。这种情况会导致模型的层与层之间不能充分地黏合，严重时会出现断层现象，不仅影响了模型的成型精度，也减弱了模型的强度。

（3）延迟时间

在对喷嘴的误差分析时已经了解了开启延时和关闭延时的概念。开启延迟的影响是，会造成模型的底层轮廓残缺，填充不足，导致模型底面翘曲和整体形变。断丝延时的影响是，成型结束时会在模型表面产生瘤状物，降低了模型的表面质量。解决延时问题，除了可以通过喷嘴结构的升级，也可以通过工艺参数的优化来实现。

9.1.5　后处理产生的误差

模型打印完成后，需要将模型取下并去除支撑，对于固化不完全的还需要二次固化。固化完成后还需要对其进行抛光、打磨和表面处理等工序，这些称之为后处理。后处理对成型精度的影响可分为以下三种：

（1）支撑除去时，因为人为等因素有可能会刮伤成型件表面或者其精细的结构，严重影响模型质量。为了避免这点，在支撑设计时应该选择合理的支撑结构，既能起到支撑作用又方便除去，在允许的范围之内少设支撑，节省后处理时间。

（2）打印完成后，由于工艺和本身结构的问题，零件内部还会存在一定的残余应力，并且在外部条件如温度、湿度等环境的变化下，模型会产生一定的翘曲变形，造成误差。应该设法减少模型打印过程中的残余应力，以提高零件的成型精度。

（3）打印完成后的零件在尺寸和粗糙度方面可能还不能完全满足用户需求，例如表面存在阶梯纹、强度不够、尺寸不精确等，所以要对模型进行进一步的打磨、修补、抛光等处理。如果处理不好，可能会对模型的尺寸和表面质量等造成破坏，产生后处理误差。

9.2　软件参数设置对打印质量的影响

本文先简要介绍了3D打印技术中的熔融沉积成型的基本原理，进而详细分析了在成型过程中，喷头温度和成型室温度、挤出速度、填充速度和成型时间等因素对模型质量的影响，并在此基础上，提出了提高成型件精度和表面质量的一系列措施，在3D打印模型过程中有较高的应用价值。

熔融沉积成型是3D打印技术中最常见的一种，其工作原理较为简单。它一般有一个或者两个喷嘴。喷头可在X、Y平面内沿着零件的截面轮廓和填充轨迹运动，材料在喷头内加热到一定程度，就从运动的喷头里挤压出来实现堆积成型。在模型打印过程中的许多参数及参数之间的相互作用都会影响模型的精度。然而，实践表明，尽管各种因素对成型件精度和成型时间都有或多或少的影响，但起主要作用的还是少数几个。以下就详细阐述这几个主要因素单独或交互作用时对成型件尺寸、几何精度以及表面粗糙度的影响。

9.2.1　Device Settings（设备设置）

如图9-1所示，Device Settings（设备设置）位于Print Settings（打印设置）对话框中的Custom（常用）子菜单下。从图中我们可以看到有九个参数设置项，而这一节我们主要是详细讲解Device Settings（设备设置）这一项的设置对我们3D打印模型质量的影响。Device Settings（设备设置）这一项中，

我们将对其中最为重要的三项参数进行详细讲解。这三项参数分别是Extruder Temperature（挤出机温度）、Platform Temperature（平台温度）及Travel Speed（空走速度）。

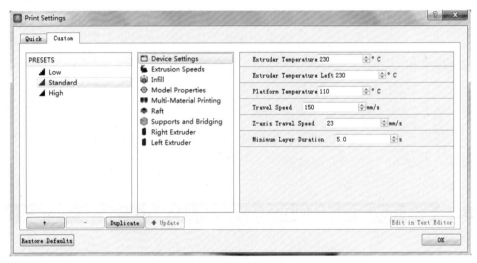

图9-1　Print Settings（打印设置）界面

1. Extruder Temperature（挤出机温度）

Extruder Temperature（挤出机温度）即所谓的打印喷头的温度，喷头温度决定了材料的黏结性能和堆积性能、材料流量以及挤出丝宽度。喷头温度太低，则材料黏度加大，出丝速度变慢，这不仅加重了挤压系统的负担，极端情况下还会造成喷嘴堵塞、出丝齿轮打滑等问题，而且材料层间黏结强度降低，还会引起层间剥离；而温度太高，材料偏向于液态，黏性系数变小，流动性强，挤出过快，无法形成可精确控制的丝，制作时会出现前一层材料还未冷却成型，后一层就加压于其上，从而使得前一层材料的坍塌和被破坏。因此，喷头温度应根据材料的性质在一定范围内选择，以保证挤出的丝呈熔融流动状态。

此款打印软件中，此项设置用于设置打印机打印模型时的喷头温度，此温度的设置主要根据我们使用的材料性质。例如比较常用的两种材料PLA和ABS材料，这两种材料的温度设置范围是PLA材料设置在190~210℃，ABS材料设置在205~240℃，由此可以看到两种材料的温度设置都不是固定的，而是变化的，有一个大概的范围，这是因为打印机打印时成型室的条件也各有不同，成型室的温度会影响到模型的热应力大小。温度过高，虽然有助于减少热应力，但零件表面易起皱；而温度太低，从喷嘴挤出的丝骤冷使模型热应力增加，容易引起零件翘曲变形，由于挤出丝冷却速度快，在前一层截面已完全冷却凝固后才开始堆积后一层，这会导致层间黏结不牢固，会有开裂的倾向。因此在设置打印温度时我们应充分考虑喷头打印温度和成型室温度这两个因素对打印质量的影响。

如图9-2是使用PLA材料在相同成型室条件下，用不同温度进行打印的细小圆柱模型，从图中可以看到有一段模型打印质量非常差，另外一段则打印质量较好。从图可以了解到在210℃下打印的细小圆柱打印质量非常糟糕，出现坍塌现象，而在190℃下打印的细小圆柱打印效果就很好，基本能保持原有形状不坍塌，且精度较高。出现这种情况主要是因为在打印过程中，打印截面面积较小，材料固化时间短，没等上一层材料固化即马上打印下一层，导致模型的塌陷。为解决此问题，我们可以通过降低挤出机温度以适应模型的高质量打印。另外为打印机安装散热风扇也是不错的选择，但这种方法也会相应地导致挤出机温度下降加快。

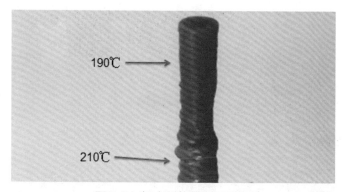

图9-2　细小圆柱模型示意图

注意： 因每台打印设备的状态条件不同，为得到更高质量的模型，我们必须考虑一些由设备引起的误差。例如挤出机温度的设置另外还受热电偶与喷嘴的距离的影响，相同室温条件下热电偶离喷嘴较远时，温度设置应比平常高出5℃左右。

2. Platform Temperature（平台温度）

Platform Temperature（平台温度）指的是模型成型平台的温度，以本书所讲的3D打印技术来说，必须要有成型平台方能打印模型，而模型与平台是否粘连牢固，大大影响着模型成型的质量。实验得出在使用ABS材料时平台温度设置在100~110℃范围内，PLA材料的平台温度设置在60~90℃范围内，方能打印出质量较高的模型，否则会出现各种成型问题。

另外，受材料本身性能限制，某些情况下模型依然会出现翘曲变形现象。如ABS材料在冷却时会出现比较大的收缩率，尽管平台温度升高到100℃，若模型较大的话，仍会出现翘曲变形现象，如图9-3所示。对于ABS材料来说，当模型在冷却过程中，产生了收缩内应力，使模型边缘往里收缩，导致成型效果下降，这也是为什么越来越多的3D打印公司采用PLA材料的原因，因为PLA材料的冷热收缩率更低。

但为了模型有足够的强度，不得不使用ABS材料时，就必须设置平台温度了。很简单的一个原理就是降低模型的冷却速度，材料经过固化—熔化—固化的过程，内部会产生应力使模型变形。减少这种翘曲变形现象的方法就是降低模型的冷却速度。

图9-3　翘曲变形现象示意图

注意： 由于PLA材料冷热收缩率较低，较小的模型打印不需要进行平台加热，省电更省时间。

3. Travel Speed（空走速度）

Travel Speed（行走速度）指的是打印喷头在切换到其他模型继续打印这个过程的速度。理论上，单单考虑空走速度对打印质量影响不大，因为打印机根本上并没有进行打印操作。但这关乎机器的运行状态，每一台机器都有其极限转速，而每一台机器又各不相同，设置同样的空走速度，可能两台不同的机器就会打印出不同的质量来。打印速度和空走速度的极限取决于设备的性能，例如电机的转速、同步带的极限转速及整台机器的配合运动是否能达到最大速度也是影响这一参数的重要因素。在速度较高情况下，挤出机的急停或者转弯时都会产生很大的惯性，从而导致打印的每一层不在同一竖直线上，致使模型精度大大降低，严重地导致模型在打印过程中出现偏移的问题。

图9-4　模型移位示意图

如图9-4所示为空走速度较高时打印出的模型，从图中可以看出上面的几层和下面的几层出现了明显的移位现象，这种问题很大一部分就是因为打印速度或者空走速度过高导致的，而这种问题是无法逆转的，只要出现这种移位问题就必须重新打印，因此我们必须避免这种情况的出现。

大部分的打印机默认的空走速度都是设置为150mm/s，但为了使模型的质量更高，我们将空走速度分为三个档次，分别是100mm/s、120mm/s和150mm/s，默认设置基本都是150mm/s。根据自己的机器去选取速度值，可打印出质量更高的模型，例如旧机器，由于已经使用了很长一段时间，同步带、电机等器件的性能都会出现不同程度的下降，因此在设置空走速度时不宜太高，选择120mm/s或者更低的100mm/s的空走速度即可。

注意： 空走速度与打印速度互相影响，空走速度较高而打印速度较低时会产生很大的惯性，为了减少这种惯性，这两个速度参数设置相差不能过大，从而减少模型打印的误差。

9.2.2 Extrusion Speeds（挤出速度）

Extrusion Speeds（挤出速度）指的是喷头内熔融态的丝从喷嘴挤出的速度，单位时间内挤出丝的体积与挤出速度成正比。通常的设置下，这个值在50～60mm之间。因为挤出头的加热功率是有限的，就是每秒钟能熔化的材料也是有限的，在层高或者打印速度等设置比较大的时候，挤出机的加热功率跟不上挤出速度所需的功率就很容易出现堵头或者进料齿轮打滑等现象，因此这里就只能选择比较小的值，以满足挤出头挤出总量的限制。另外，当挤出速度较高时，有可能会出现材料溢出现象，导致精度降低，因此为了打印的模型更加精细，在选择挤出速度时必须要谨慎设置。以下将从各方面对挤出速度进行详细的讲解优化。

1. First Layer Print Speed（首层打印速度）

首层打印速度指的是模型在平台上成型时打印的第一层材料，与第二层以上打印的材料速度不同，这个参数的设置是为了在打印第一层时与平台进行紧密接触，减少模型出现翘曲变形，因此我们必须设置一个较为合适的首层打印速度。试验证明，为达到较好的打印效果，首层打印速度设置在30~40mm之间，在此速度下打印的首层以及整个模型质量都能得到较高飞跃。因此需把首层打印速度设置为30~40mm以优化打印质量。

2. Infill Print Speed（填充打印速度）

Infill Print Speed（填充打印速度）指的是打印模型内部填充物时的打印速度，此速度只限于打印每个模型内部结构，与填充密度相关结构的打印都与此速度有关。模型被分割成的每一个水平截面的内部结构都是由填充物填充的，而填充物是在整个模型的里面，因此其打印情况不会影响到模型的精度和外观，但在平时打印参数设置上也绝不能为了提高效率而不断提高此速度，因为模型的每一个截面填充都是需要打印外壳，速度会在打印填充物和打印外壳时不断切换，若填充速度与外壳打印速度相差太大，就会出现非常大的运动惯性，导致模型精度下降，因此其相差速度不能过大。实验证明，一般打印填充物的速度不得超过打印外壳速度的两倍。

3. Outlines Print Speed（外壳打印速度）

Outlines Print Speed（外壳打印速度）指的是模型的每一个水平截面最外面

一层的打印速度，最外面一层决定了模型的外观光洁度、精度等外观要求，因此最为重要的速度就是外壳打印速度。从打印原理上我们可以了解到，在打印填充物和外壳时需要不断地切换速度来进行打印，而为了得到更好的精度，外壳打印速度在整个模型的打印过程中打印速度是最低的，所以这部分的打印速度必须设置合理，才能打印出高质量模型。

实验中我们尝试在其他参数设置相同情况下用80mm和40mm的外壳打印速度对相同模型进行打印，结果发现外壳打印速度较高打印出来的模型在Z轴方向上的面精度不高，有较为明显的阶梯效应，极为粗糙，而外壳打印速度较低的模型在Z轴方向上的面上精度更高，较为精细，打印质量更好。出现这种情况的主要原因是速度越高，机器就会产生更大的震动，每打印一层都会有各种急停冲击及非常大的惯性，而惯性就会产生震动。若打印每一层都出现明显的震动，那么在Z轴方向上的面上就会出现每一层都不同位置，导致在Z轴方向上的面上的精度较低，较为粗糙。而以速度较低去打印模型，因减少了惯性和震动，所以模型的质量会更高。

注意： 实验告诉我们，外壳打印速度设置在40mm左右打印出来的模型精度会更高，且能保证整体的打印速度在一个较高的位置上，保证了打印模型的时效性。

9.2.3 Infill（填充）

Infill（填充）指的是设置填充物的一些相关参数，模型在3D打印软件中被分割成不同的水平截面，每个截面都包含了模型的一小部分轮廓信息，整个模型就由这些很小的部分组合起来。而每个水平截面都包含了模型的外部轮廓和内部填充的部分，在本小节将对填充结构的打印进行详细讲解。这项参数中包含了Infill Density（填充密度）和Infill Pattern（填充模式）两项的设置。以下将主要介绍上面提到的这两项参数的优化设置。

1. Infill Density（填充密度）

Infill Density（填充密度）顾名思义就是填充物的填充密度，以百分号作单位，就是说填充密度是以打印的材料占总体积的百分之多少来描述的，也就是说在设置填充密度参数时我们需要填入的是一个百分数，例如10%、20%等。因填充物影响到模型的强度、质量和打印时间，所以如何选择填充密度有一定的

技巧。例如可以根据模型的使用要求来设置填充密度等，若需要更加轻便且强度要求又不大的模型，时间紧迫我们可以选择较低的填充密度。若强度要求较高，或者模型较小时，我们就可以选择较高的填充密度，这样有助于提高模型的质量。

每一种材料都有自身的各方面性能，需要充分了解材料性能，才能很好地把握填充密度的选择。这里简要介绍在3D打印领域常用的两种材料。第一种材料就是称之为工程材料的ABS材料，这种材料被称为工业级材料，具有强度大、硬度高的优点，因此在打印强度要求高的模型时常会选用ABS材料。试验证明，一般使用ABS材料时填充密度可设置在10%～20%，便可达到较为理想的质量，若需要更高的强度要求，只需要把填充密度提高即可。另外一种材料就是新型无毒无害的PLA材料，这种材料以玉米等淀粉植物作为原材料，绿色环保，无任何毒害，是可再生材料，但其强度没有ABS材料高，因此在使用PLA材料时的填充密度要比使用ABS材料时要高一些，同样要求的模型填充密度要比ABS材料高出10%左右。因此在设置填充密度时应考虑材料的性能和零件模型的具体要求，强度需求高填充密度就高，强度需求低填充密度也低，这样就可以最大化减少不必要的材料浪费，也节约时间。

2. Infill Pattern（填充模式）

Infill Pattern（填充模式）指的是以哪一种方式来打印填充物，此模式包括了linear（线性）和hexagonal（六角形）等多种填充模式，而平时最常用的只有linear（线性）和hexagonal（六角形）这两种模式。linear（线性）填充是指形

图9-5 hexagonal（六角形）模式填充

图9-6 linear（线性）模式填充

成正方形孔状的网络，是线性的，横平竖直非常规整的网状结构。而hexagonal（六角形）是形成六角形孔状的网络，是非线性的，平时也称之为蜂窝状，如今大部分的机器在默认情况下都是蜂窝状结构的填充模式，因为蜂窝状的结构具有结构更加稳定和坚硬的特点，可使模型的强度得到一个很大的提升。如图9-5和图9-6所示是以上两种填充模式的对比图，从图中可以看到，具有蜂窝状结构的一边更具有稳定性。

9.2.4　Model Properties（模型属性）

Model Properties（模型属性）指的是打印模型的一些非常重要的参数属性。其中主要包括了Layer Height（层高）、Number of Shells（外壳层数）、Roof Thickness（顶层厚度）和Floor Thickness（底层厚度）等几个重要参数。

1. Layer Height（层高）

Layer Height（层高）指的是每一层的高度，是影响打印速度和打印精度的一个最重要参数。按照3D打印机的原理，挤出机挤出熔化的材料然后一层一层地往上堆叠，而每一层的高度即层高，我们很容易理解层高设置得越大，打印同样的模型花费的时间就越短，相应地其打印精度就更低，相反，层高设置得越小，打印同样的模型花费的时间就越长，但其打印精度就越高。以上所述的层高都是在一个范围之内的越大或者越小，也不能无限大或无限小，因此在设置层高时应通盘考虑需要的是什么精度，时间是否允许等问题。

另外，层高会引起另外一种效应，这种效应被称为台阶效应。在成型的高度方向上，用微小的直线段（层高）来逼近模型的曲线轮廓，在模型表面造成"台阶效应"，引起的误差会对产品表面的精度及粗糙度产生很大影响。对于倾斜方向的模型表面出现的台阶效应更明显，如图9-7所示。

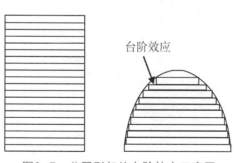

图9-7　分层引起的台阶效应示意图

实验证明，一般情况下，层高设置在0.1～0.2mm范围之内，打印同样的模型使用0.1mm层高打印和使用0.2mm层高打印相差一半的时间，但0.1mm层高的模型其精度必然是更高的，若对模型质量要求较高时，建议在打印模型过程使用0.1mm层高进行打印，而打印较大型、质量要求也不高的模型时使用0.2mm层高进行打印。

注意：在层高设置得比较大时，我们需要考虑另外一个与层高相伴相随的参数，那就是挤出机温度和打印速度，喷嘴的加热功率是有限的，因此挤出速度是无法无限大的，若层高较大而速度理应设置得更低一点，温度也需要比平时高出5℃左右，必须保证挤出速度和打印速度在一个合适比例范围内。若打印速度过高，非常容易引起堵头等问题。

2. Number of Shells（外壳层数）

Number of Shells（外壳层数）指的是包裹在填充物外围的材料的层数，例如参数为2即指外层包围了两层材料在填充物外。模型外壳的强度很大程度上控制着整个模型的强度，也直接影响到模型的外观，层数越多，模型强度越大，但也更耗费材料。

实验证明，一般情况下外壳层数设置在2～3层就基本能达到一般的强度要求了，当然根据不同材料性能也需要有不同的外壳厚度，才能使模型具有相同的强度。在设置此参数时应全盘考虑模型强度和材料的选择。如图9-8箭头所指就是模型的外壳，此图展现的是使用了两层外壳打印出的效果，此处使用了PLA材料进行打印，从图中可以看出PLA材料打印的模型具有一定的光泽。

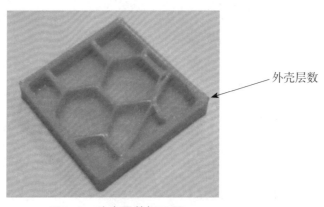

外壳层数

图9-8 外壳层数标示图

3. Roof Thickness（顶层厚度）、Floor Thickness（底层厚度）

Roof Thickness（顶层厚度）、Floor Thickness（底层厚度）分别指的是打印最顶层时的厚度和打印最底层的厚度，厚度的多少决定着模型顶层或者底层的质量。

如图9-9所示是一个使用顶层厚度为0.8mm打印的一个模型，从图中可以看出模型的顶部并不是紧密的平面，而是非常稀疏的丝线，这是因为顶层厚度太低，而PLA材料的韧性不足导致的。因为此模型的填充率较低，内部填充孔过大，导致挤出机在送材料时出现丝线被拉长的问题，从而导致不能使顶面紧密，所以在设置顶层厚度时应考虑到填充率的影响。一个比较稳当的方法就是把顶层厚度设置高一点，例如设置到2mm厚，那么就算填充率低也不会出现这种问题了。

图9-9　顶层损坏图

9.2.5　Raft（筏平台附着类型）

Raft（筏平台附着类型）指的是一种承载打印模型的一片单薄的垫片，因为其功能和外形都像竹筏，所以被命名为Raft（筏）。3D打印机中筏是用来承载模型的，整个模型被打印在筏上。筏能方便模型可以轻易地从平台上面拆卸下来，不至于损坏平台和模型。例如若模型直接打印在平台上而不能轻易地拆卸下来，必须用到小刀或者其他尖锐器件才能拆卸的话，那么将有可能会损坏打印机平台。过去我们进行过实验，当模型和平台粘得非常紧，导致不能轻易被拆下时，我们使用了螺丝刀把模型撬下来，而最后的结果是模型边缘损坏，平台也被撬弯，所以必要的时候必须使用筏平台作为模型的垫片。

注意：在打印模型时我们可以选择使用或者不使用筏，而是否使用筏需要考虑到另外一个因素，就是实际需要打印什么样的模型，例如细长零件的打印就必须使用到筏，因为筏还有另外一个作用就是紧固模型，扩大细小模型与平台的接触面，使模型更加稳固。

9.2.6　Supports and Bridging（支撑和桥接）

Supports and Bridging（支撑和桥接）指的是一种用于支撑模型打印的结构，这是一个额外的结构，模型设计中不涉及支撑的设计，完全是由打印软件根据模型自动生成的，而是否使用支撑结构也是由我们自己去设置的。如果产品零件上层截面区域大于下层截面区域时，在成型过程中可能需要添加支撑。导致模型加工时间长、材料消耗大、处理难度提高，并在表面留下痕迹，严重降低支撑部分表面质量。因此在加工时应合理选择成型方向，尽量减少支撑。在模型设计时就应该要考虑尽量不使用支撑，这样对模型的精度和打印时间更有优势。

又例如有时支撑会被打印在模型内部，而打印在内部的支撑几乎是无法拆卸，所以设计模型时应避免出现这种问题，可把模型分开设计或者分开打印后再进行组装。

9.2.7　Right Extruder（右挤出机参数）

Right Extruder（右挤出机参数）主要指的是打印机材料直径的一系列参数的设置，其中Filament Diameter（材料直径）最为重要，此处参数需要根据用户使用的打印机配置以及材料的直径大小来决定，而一旦设定后就基本不需要再进行设置了。现在一般常用材料只有两种直径，一种是3.0mm，另外一种是1.75mm，这里的参数根据机器的配置填入3.0mm或者1.75mm就行。

9.3　摆放形式对打印质量的影响

除了软件参数的设置外，3D打印模型的过程中，打印模型的摆放形式对打印质量的影响也是不可忽视的一个问题。想要打印出高质量的模型，除了设置好基本参数外，还需要把模型按照合适的形式摆放在平台上进行打印，而这是一个结合模型设计的经验性问题，平时需要不断积累经验，不断把经验运用到打印模型上，通过不断地调整才能真正地学会打印，才能高质量地打印出模型。以下是我们经过多年的实操经验得出的几点非常重要的因素，对模型打印的优化有非常大的作用。

9.3.1 摆放形式分析

在实际操作中发现，设置相同切片厚度的情况下，模型表面质量也会由于数字模型在成型空间中的放置形式而不同。在成型过程中模型在空间的摆放位置是影响模型表面质量的重要因素之一。以圆柱体模型为例，在对三维数字模型进行切片处理前，先对圆柱体在成型环境中的放置形式进行调整，分别使圆柱体圆周曲面垂直于成型平台或者倾斜相应的角度，分别如图9-10（a）、（b）、（c）所示。

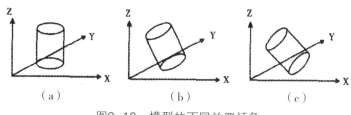

图9-10　模型的不同放置倾角

从成型结果可以看出，在成型过程中圆柱体圆周表面与成型平台成垂直状态，则成型零件的垂直截面放大图如图9-11（a）所示。将圆柱体数据模型倾斜放置在成型空间内，则模型生成后，其截面放大图如图9-11（b）、（c）所示，从图中可以看出实际产生的实体零件表面是由一系列的圆形截面堆积而成，所形成的表面并不光滑，呈现明显的锯齿状；从图9-11（a）、（b）、（c）中我们还可以直观地看出，在成型过程中，相同的数据模型在成型空间中的放置形式将对生成的实体模型表面质量产生极大的影响，表面与成型平台的夹角越大，则成型表面质量就越高，垂直方向的面成型效果最佳，角度越小，模型表面锯齿效应就越强，成型表面质量就越差。相同的模型在成型后得到的

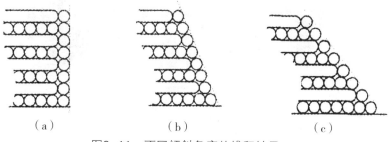

图9-11　不同倾斜角度的堆积结果

零件表面质量并不相同，因此，若要获得最佳的表面质量，必须在对模型进行切片处理前先对模型的放置形式进行调整。

9.3.2 打印支撑对打印质量的影响

3D打印过程中有时候必须使用到的一种方式就是打印支撑。如果模型上层截面区域大于下层截面区域时，在切片成型过程中可能需要添加支撑，导致模型加工时间长、材料消耗大、处理难度提高，并在表面留下痕迹，严重降低支撑部分表面质量。因此在加工时是否选择使用支撑进行打印应作慎重的考虑。前面的章节也提到打印支撑势必会对打印模型的质量有一定的影响，因此必须想办法在模型设计上或者调整模型的摆放形式使模型在打印制造时减去不必要的支撑。

如图9-12所示为工字型模型的两种不同摆放形式的对比，从图9-12（a）中我们可以看出工字型模型为竖放，图9-12（b）所示的工字型模型为横放，其中我们很容易可以得出结果就是图9-12（a）所示的模型在打印时需要打印支撑，而图9-12（b）所示的工字型模型在打印时却不需要打印支撑。实验证明，这两个模型外观尺寸和打印参数都是一样的，因为摆放的形式不同而出现不同的效果。同样的模型其中一个需要打印支撑，另外一个不需要打印支撑，那么他们的打印时间就会出现差异，很明显打印支撑的一方时间势必会增长，由此看来模型的摆放形式对模型的时效性和质量都有很大的影响，省去支撑的打印不但节省材料，同时还节省时间，并且强度也更大。

另外模型的摆放形式也取决于模型的设计，设计不合理的模型无论如何摆放都会出现不合理的地方，那么这就要从源头出发去寻找问题所在，然后不断去修改和完善，使模型摆放更加容易，使结构更加合理化。

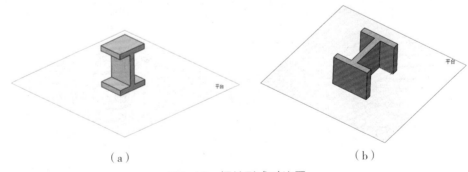

（a）　　　　　　　　　　　　　（b）

图9-12　摆放形式对比图

9.3.3　细长部件打印方法与温度分析

在平时的模型制造中不乏会出现一些细长的零部件，而这一类零部件由于结构简单，体型较细，打印这一类零件往往需要较高的打印技巧或者足够的实操经验。因为打印细长零部件时难以把握准确的参数设置，需要注意摆放形式和温度配合的设置，因为每一个细长零部件都不同，而细微的参数变化就会影响到其成型的结果。本节将以细长方柱作为例子对摆放形式和打印温度设置进行详细说明。

如图9-13（a）、（b）所示是一根同样的细长小方柱的两种摆放形式，图9-13（a）是竖放打印，9-13（b）是横放打印。在讲解这两种摆放方式的异同前先来了解一下这两种摆放形式对细长小方柱模型的一些影响。

根据3D打印机的打印原理，在打印小截面（如细长的轴或者梁）的模型时，模型表面会出现"疙瘩"。这是由于细长零部件的成型面积小，一层的成型时间太短，前一层还没来得及固化成型，下一层就接着进行堆积打印，引起"坍塌"和"拉丝"现象。从图9-13中我们能轻易看出横放的模型强度会更高，而竖放模型则非常容易折断，这是由打印机的原理本身决定的。3D打印机是一层接着一层往上堆叠打印的，层与层之间就会有明显的分离，特别在层厚设置不合理时，这种现象更加明显，因此在Z轴方向上的强度非常低。因此在打印制造这一类模型零件时需要充分考虑到其强度和精度要求等问题。

（a）　　　　　　　　　　　　　　（b）

图9-13　细长零部件打印对比-1

上面讲到在打印竖放细长方柱模型时受到的另外一个因素影响就是其打印温度，很简单的一个道理，在打印一根细长零部件时，挤出机打印每一层时的温度都是一样的，每层的打印速度都很快，被打印出的材料因为时时刻刻都接

触到打印喷头，且时时刻刻在往上堆叠打印，因而导致打印出的材料无法及时冷却凝固而导致模型的坍塌。因此在打印细长零部件时必须考虑温度的影响，需要把温度和速度的配合理解透彻，选取一个合适的比例方能高质量完成细小零部件的打印制造。

解决此问题的另外一个有效方法就是多根模型一同打印，增加每一层的成型面积，延长每一层的成型时间，实验结果表明，按此种方法操作，打印质量能得到明显改善。同时还可以缩短每个零件的平均成型时间，提高成型效率。如图9-14（a）、（b）所示，在进行多根打印时，明显增加了每一层的成型面积，延长每一层的成型时间，打印出来的模型质量会更高。

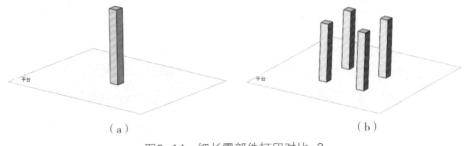

（a）　　　　　　　　　　（b）

图9-14　细长零部件打印对比-2

注意： 细长零部件的打印非常能考察个人的打印经验，所以平时需要认真观察参数设置的微小变化对模型的影响，从中得出最为适合的参数设置，以达到最好的效果。

9.3.4　薄壁模型的打印要求

在各种各样的零部件中，不乏会出现一些非常精细又很薄的零部件，而这些零部件与细长零部件有一点不同的就是薄壁零件加工中的"间隙"问题。3D打印层叠加工过程中，每一层由三种路径组成：轮廓、填充、支撑。对于薄壁零件，可能它的厚度仅比两层轮廓多一些，而中间的成型空间又不足以插入一个填充，这样成型出来的薄壁中间将有一条小的缝隙，造成零件强度和精度的极大降低。对于这类问题，经过多次的实验尝试，得出了各种解决的途径。

（1）在保证零件功能的情况下，适当地改变壁厚，使壁厚约为挤出材料宽度的整数倍。

（2）如果壁很薄，不做填充，增加轮廓扫描次数，使轮廓正好相接，从而使间隙消除。

（3）可缩小填充的间隔，使两层轮廓中间正好能容纳另外一层填充，使中间的间隔得以消除。

9.3.5　按受力要求的模型摆放形式

做过钣金设计的人都知道，某些零件的受力情况是非常重要的，特别是在考虑到加工情况时，受力件如何加工才能得到最好强度。而在3D打印行业里钣金零件虽不是极其重要的，但为了方便，某些要求不高的钣金零件仍然可以使用3D打印技术进行制造，然而其中有很多的问题也需要我们进行深入探讨，接下来我们将对此类零件的设计打印进行详细地分析优化。

如图9-15所示是一个角铁钣金零件，通过对模型的受力分析，可以看到两个力互相垂直，角铁的直角连接处所要承受的力是最大的，此处是最容易断裂的，因此在加工过程中我们需要着重考虑此处的强度。然而在3D打印过程中其摆放方式就显得尤为重要了。如图9-16（a）、（b）的两种摆放形式，图9-16

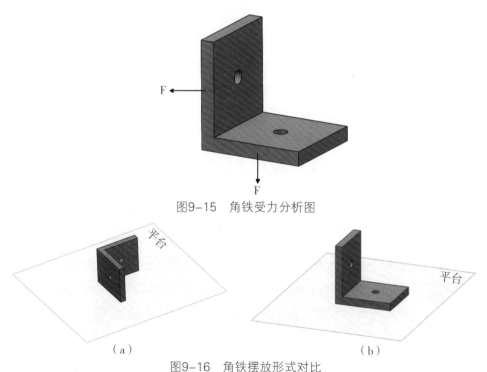

图9-15　角铁受力分析图

（a）　　　　　　　　　　　　　　　（b）

图9-16　角铁摆放形式对比

（a）为竖放，图9-16（b）为横放。从3D打印机打印原理我们可以知道，模型在打印时是一层接着一层往上堆叠打印的，层与层之间容易出现裂纹，因此角铁横放打印的时候会出现一个问题，就是竖直的这一边在受力时非常容易出现断裂的现象，这是因为其打印原理造成的，因此要避免这种原理性的影响。通过改变模型的摆放方式去改良其受力状况是解决这种问题的一个很好的方法。如图9-16（a）把模型竖直放置打印，以这种方式打印出来的模型的直角连接处将得到非常理想的受力特性，因此在考虑模型如何摆放时也需要考虑模型是否为受力件，是否符合受力要求，不然同样的设计却出现不同的效果则是浪费材料和时间。

9.3.6　摆放方式对特殊圆孔的影响

在设计零件的过程当中，我们会发现在零件上多多少少会出现一系列的圆孔，有些用于固定零件，有些用于安装轴等，那么如何打印这一类具有特殊圆孔的零部件成为另外一个值得深究的问题。其中也蕴含了不少技术和经验，下面我们将以一种特殊圆孔的打印对此影响进行详细的说明。本例我们以常见的轴承座作为实例，讲解如何使用各种摆放形式以使这种模型的打印质量更高。

如图9-17所示，这种轴承座包括了安装轴的孔和固定螺丝孔，因此在设计打印时应注意考虑这两种孔的精度和重要性。我们知道安装轴的孔精度要求更高，而安装螺丝的孔则不需要非常高的精度，因此在打印时需要把安装轴的孔打印得更加精细。

如图9-18（a）、（b）所示的两种摆放形式，图9-18（a）所示是横放模型进行打印，图9-18（b）所示是竖放模型进行打印，横放时中间的轴孔是垂直于平台进行打印，从9.3.1节中我们知道，以这种方式打印可以得到较为精细的轴孔，孔内表面精度更高。而螺丝孔则会出现不同程度的误差，但由于是螺丝孔，因此其精度要求很低，所以是符合使用要求的。另一种以竖放形式进行打印，以这种形式放置的模型很明显可以看出轴孔是平行平台的，以这种方式打印会出现轴孔精度低而导致无法符合使用要求，因此这种方法不宜采用。所以模型的摆放形式对模型的特殊圆孔也是有非常大的影响的，打印时需多加注意。

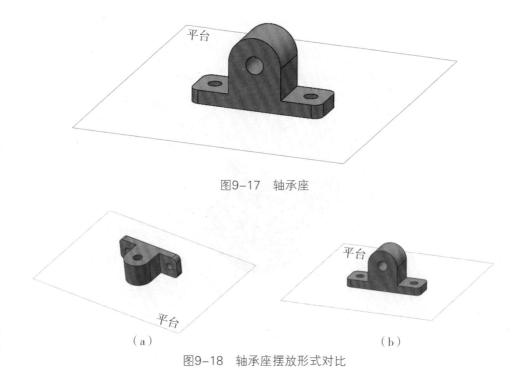

图9-17 轴承座

图9-18 轴承座摆放形式对比

（a）   （b）

9.3.7 设计方式决定是否需要打印支撑

在打印软件中有这样一个参数需要设置，那就是是否需要打印支撑。支撑主要用于打印具有悬空部分的零件模型。实验证明，在打印支撑的部位会出现不同程度的误差，由支撑打印出来的底面凹凸不平，导致精度极低，因此我们需要最大限度地避免打印支撑。各种模型有一些地方只要注意一下设计方法就可以避免打印支撑。就如图9-19所示的一个类似法兰的模型，此模型具有一个悬空的斜面，其角度为45°。大家就会问，是不是这种模型就需要选择打印支撑呢？然而实验证明这是不需要的，因为3D打印机在打印一定角度的斜面或者曲面时，可以一层一层地往外面打印而不至于坍塌，层层堆叠，直到完成打印。

然而，多大的角度之内可以实现斜面或者曲面不需要打印支撑，则是我们需要另外考虑的一个问题。经过翻查资料了解到，与竖直平面的夹角在65°内的斜边或者曲面，可以不使用支撑进行打印。多年的实践经验告诉我们，达到65°的斜面在不用支撑情况下的打印效果并不理想，通过大量的实验，我们

得出了一个较为理想的实验结果，那就是斜面与竖直面的夹角在30°内时，打印出来的模型质量能达到一般的精度要求。所以，在设计模型时，要充分考虑是否需要打印支撑这一点，尽量减少打印支撑，从而提高模型精度以及节省时间，节省材料。

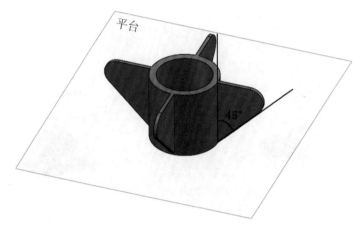

图9-19　设计方式决定的支撑类型

综上所述，处理软件、加工设备、参数设置及后期处理都会给打印的模型带来各种误差，从而导致模型精度下降。而要有效提高模型精度和打印质量，必须综合考量模型对强度、精度、耗时及后期处理等影响成型质量的重要要求，合理设置各项参数，同时结合受力状况谨慎选择摆放方式，众多因素共同作用，方能成就高质量打印效果。很多情况下，这是一个结合模型设计的经验性问题，平时需要不断积累经验，才能逐步提高打印质量。